Instagram

インスタグラム

The best book for beginners

いちばんやさしい使い方ガイド

小倉映美
Ogura Emi

本書に関するお問い合わせ

この度は小社書籍をご購入いただき誠にありがとうございます。小社では本書の内容に関するご質問を受け付けております。本書を読み進めていただきます中でご不明な箇所がございましたらお問い合わせください。なお、ご質問の前に小社Webサイトで「正誤表」をご確認ください。最新の正誤情報を下記Webページに掲載しております。

本書サポートページ

https://isbn2.sbcr.jp/23296/

上記ページのサポート情報にある「正誤情報」のリンクをクリックしてください。
なお、正誤情報がない場合、リンクは用意されていません。

ご質問の際の注意点

・ご質問はメール、または郵便など、必ず文書にてお願いいたします。お電話では承っておりません。
・ご質問は本書の記述に関することのみとさせていただいております。従いまして、○○ページの○○行目というように記述箇所をはっきりお書き添えください。記述箇所が明記されていない場合、ご質問を承れないことがございます。
・小社出版物の著作権は著者に帰属いたします。従いまして、ご質問に関する回答も基本的に著者に確認の上回答いたしております。これに伴い返信は数日ないしそれ以上かかる場合がございます。あらかじめご了承ください。

ご質問送付先

ご質問については下記のいずれかの方法をご利用ください。

Webページより

上記サポートページ内にある「お問い合わせ」をクリックすると、メールフォームが開きます。要綱に従ってご質問をご記入の上、送信してください。

郵送

郵送の場合は下記までお願いいたします。

〒105-0001
東京都港区虎ノ門2-2-1 住友不動産虎ノ門タワー
SBクリエイティブ 読者サポート係

■本書は、iPhone 14（iOS 17.1）、Instagramバージョン307.0.2にてInstagramの操作を解説しております。アプリのアップデートやご利用環境によって、紙面と異なる画面、異なる手順となる場合があります。あらかじめご了承ください。
■本書内に記載されている会社名、商品名、製品名などは一般に各社の登録商標または商標です。本書中では©、™マークは明記しておりません。
■本書の出版にあたっては正確な記述に努めましたが、本書の内容に基づく運用結果について、著者およびSBクリエイティブ株式会社は一切の責任を負いかねますのでご了承ください。

はじめに

インスタグラムは、友だちと交流したり、共通の趣味を持つユーザーとつながったりでき、男女問わず幅広い年代で利用されている人気のSNSです。他のSNSとは異なり、写真や動画の投稿が中心のため言語の壁もなく、世界中の人と交流することも可能です。

一方で、インスタグラムは利用できる機能が多く、アップデートによる仕様変更も多いため、はじめての方は戸惑うことも多いでしょう。

そこで、本書はインスタグラムを快適に使いこなす機能の基本的な操作を、画面と文字で丁寧に解説し、手順通りに操作すれば身に付くような内容になっています。

インスタグラムで何ができるのかを知りたい方は、はじめから読むと一通りの操作を理解できるでしょう。また、操作や機能の解説をSectionごとに分けているため、利用目的が決まっている方は、該当のSectionから読んでいただいてもかまいません。

本書を通して、写真や動画で好きなことや日常を発信したり、情報を集めたりするツールとして、インスタグラムを楽しんでいただけたら幸いです。

2023年11月
小倉映美

本書の使い方

本書は、これからインスタグラムをはじめる方の入門書です。
108のSectionを順番に行っていくことで、インスタグラムの基本がしっかり身に付くように構成されています。

紙面の見方

Section
本書は7章で構成されています。Sectionは1章から通し番号が振られています。

見出し
インスタグラムで行う操作を示しています。

手順
インスタグラムで行う操作手順を示しています。画面と右の説明を見ながら、実際に操作してください。

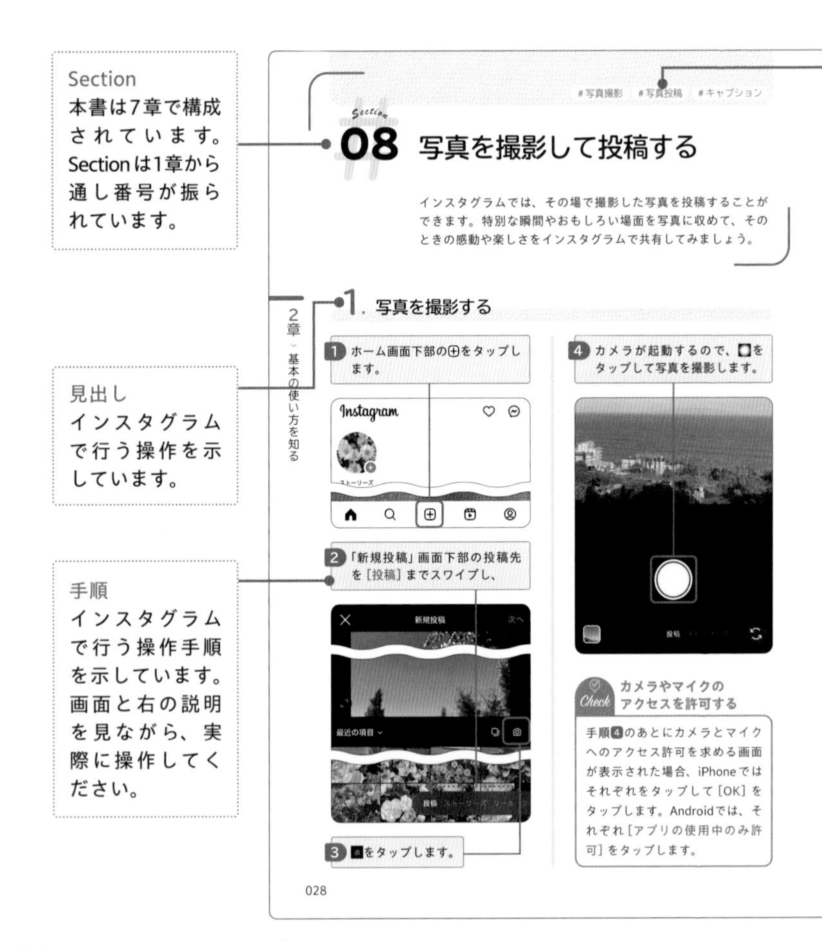

本書の特徴

安　心　豊富な画像を使ってやさしく丁寧に解説。
役立つ　使い方が広がる設定方法の解説が充実。
楽しい　写真を撮るコツや加工の仕方を掲載。

目次

第1章 インスタグラムをはじめる

第2章 基本の使い方を知る

第3章 写真を加工して投稿する

第4章 いろいろな動画を投稿する

第5章 動画や写真をきれいに撮るテクニック

第6章 使い方が広がる！インスタグラムの設定

第7章 よくある疑問・困りごと

#第1章

インスタグラムをはじめる

#インスタグラム　#SNS　#写真や動画

Section

01 インスタグラムとは

インスタグラムは、自分の日常や趣味を写真や動画で共有し、情報の収集や他のユーザーとの交流を楽しむことができる、多様なコンテンツが詰まった世界的サービスです。

インスタグラムとは

インスタグラムは、2010年に誕生したSNS（ソーシャル・ネットワーキング・サービス）です。写真や動画の投稿・閲覧に特化しており、興味や関心があるジャンルを探したり、コンテンツを通じて世界中の多くのユーザーとのコミュニケーションを楽しんだりすることができます。
インスタグラムは一般人だけでなく、著名人や企業なども利用しており、全世界のユーザー数は20億人にものぼります。また、国内の月間アクティブユーザー数は3,300万人を突破しています（出典：Meta）。

企業が宣伝などにも利用している人気のSNSです。

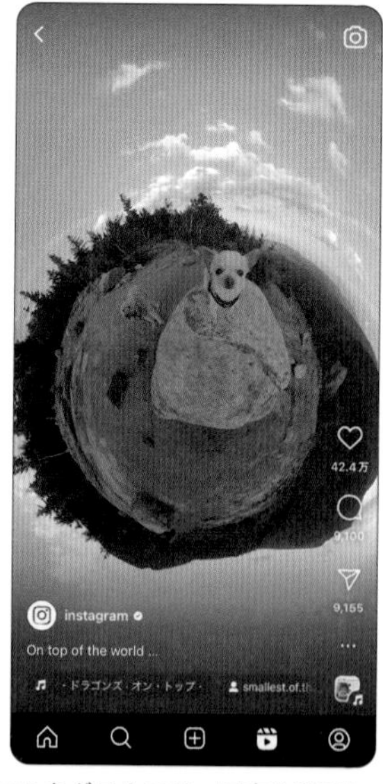

インスタグラムでは、写真や動画といったコンテンツを投稿・閲覧できます。

他のSNSとの違い

インスタグラムは、他のSNSにはない特徴がいくつかあります。
まず、インスタグラムが先駆けともいえる「ハッシュタグ」機能では、そのタグの人気コンテンツを発見することができます（P.032、P.049参照）。近年では、GoogleやYahoo!といった検索エンジンよりもインスタグラムで情報収集をする人が多いといわれています。
次に、インスタグラムでは独自のアルゴリズムにより、自身の興味・関心に近しいコンテンツがパーソナライズされる仕様となっています。そのため、求める情報を効率よく得ることができるうえに、新たな魅力のあるコンテンツにも出会いやすいSNSといえます。

写真や動画からさまざまな情報を収集できる

インスタグラムの楽しみ方

インスタグラムの利用目的はさまざまで、人それぞれの使い方や楽しみ方があります。2022年に発表された調査では、インスタグラムの利用目的として「興味・関心のある事柄についての投稿を見る」が53.9%、「興味・関心のあるアカウント（特定の人物）の投稿を見る」が52.1%、「友だちや知人とのコミュニケーション」が48.5%という結果になっています（出典：ホットリンク）。

インスタグラムの利用目的

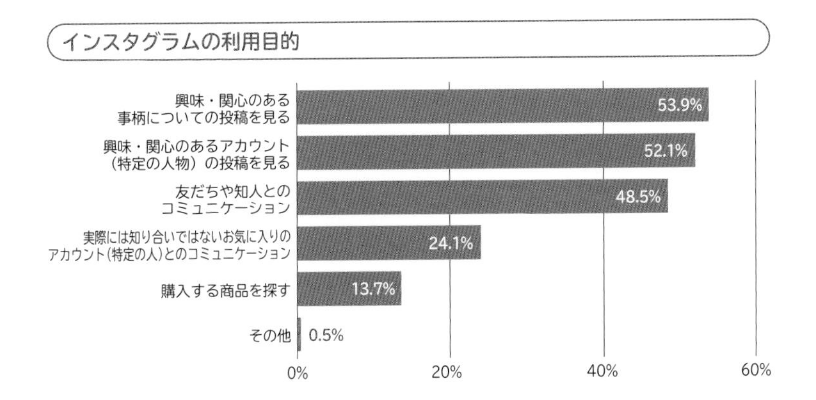

#投稿　#検索　#交流

Section

02 インスタグラムでできること

インスタグラムでは、写真や動画の投稿だけでなく、自分好みのコンテンツやアカウントを検索したり、他のユーザーと交流したりすることができ、多様な楽しみ方があります。

写真や動画を投稿できる

インスタグラムにおいてもっともポピュラーな使われ方は、思い出の写真やその場で撮影した写真を投稿し、多くのユーザーと共有することです。投稿の際にさまざまなフィルターや編集ツールを使用すれば、より雰囲気のあるコンテンツに仕上がります。投稿に付けられるキャプション（説明文）には翻訳機能もあるため、海外のユーザーのユニークな投稿を見たり、自分の投稿を見てもらったりすることもできます。

また、通常の投稿はプロフィールの投稿一覧に永続的に表示されますが、24時間限定で投稿が表示される「ストーリーズ」もあります（P.080参照）。ストーリーズは、日々の出来事や瞬間をリアルタイムでシェアできます。

さらに近年はショート動画の流行により、最大90秒の動画を投稿できる「リール」も人気です（P.100参照）。リールはインスタグラムで利用できる多様な音楽やエフェクトを使用して、動画にクリエイティブな演出をプラスすることができます。

その場で撮影した写真やスマートフォン内の写真を投稿できます。

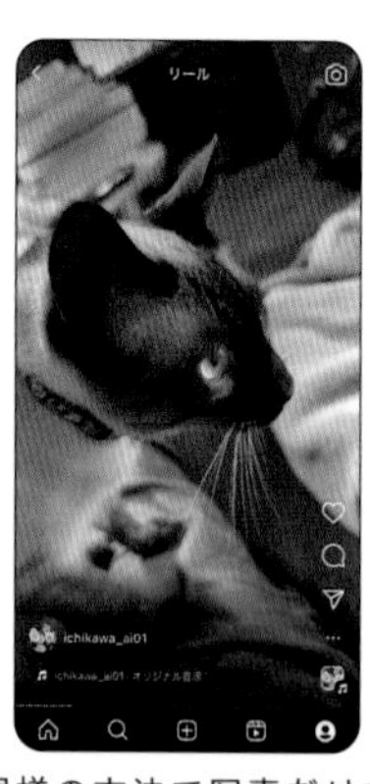

同様の方法で写真だけでなく、動画も投稿できます。

投稿する写真や動画にはさまざまな編集や加工を施せます。

コンテンツやアカウントを検索できる

検索画面では、おすすめのコンテンツの他に、アカウントなどを検索できます(P.025、P.048参照)。好みのコンテンツを投稿しているアカウントを見つけてフォローすれば、新しいトレンドやアイデアを発見でき、よりインスタグラムを楽しめるでしょう。

検索画面にはおすすめのコンテンツが表示されます。

「アカウント」タグからアカウントを検索できます。

他のユーザーと交流できる

投稿に対するいいねやコメント、ダイレクトメッセージ、ライブなど、インスタグラムではユーザー同士がコミュニケーションを取るための機能が充実しています。これにより、友人やフォロワーと交流を深めたり、新しいつながりを築いたりすることができます。

#インスタグラム #アプリ #インストール

Section

03 アプリをインストールする

インスタグラムを利用するには、アプリをインストールしましょう。iPhoneではApple ID、AndroidではGoogleアカウントで各ストアにログインし、インストールを行います。

アプリをインストールする（iPhone）

1 App Storeアプリで画面下部の［検索］をタップし、

2 入力欄をタップします。

3 入力欄に「インスタグラム」と入力し、検索します。

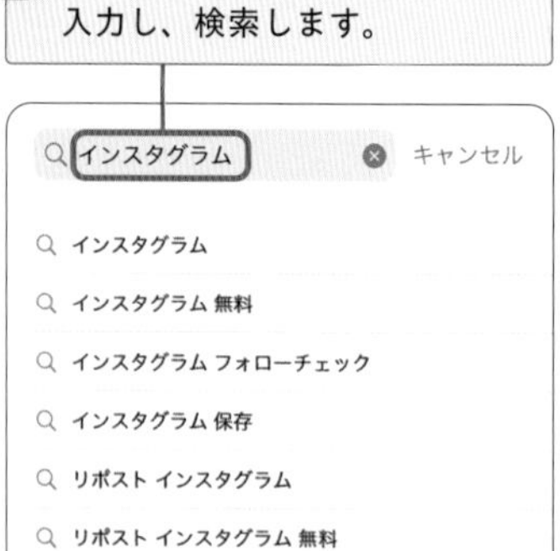

4 検索結果から［Instagram］をタップします。

アプリの詳細が表示されます。

5 ［入手］をタップします。

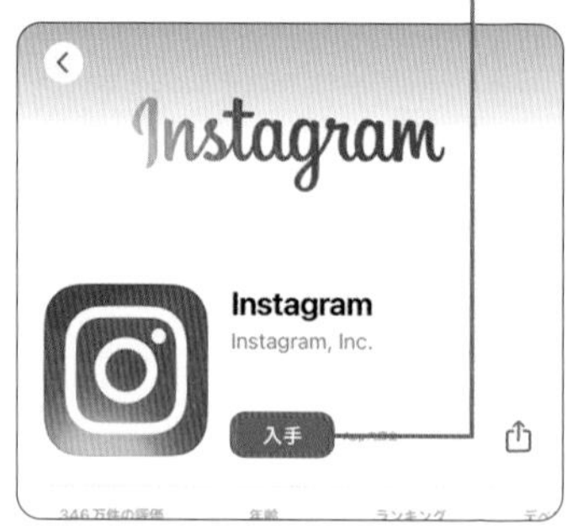

6 ［インストール］をタップし、Apple IDのパスワードを入力して、［サインイン］をタップします。

7 インストールが開始され、完了するとホーム画面にアプリが表示されます。

アプリをインストールする（Android）

1 Playストアアプリで画面上部の入力欄をタップします。

2 入力欄に「インスタグラム」と入力し、検索します。

3 検索結果から［Instagram］をタップします。

アプリの詳細が表示されます。

4 ［インストール］をタップするとインストールが開始され、ホーム画面にアプリが表示されます。

#アカウント作成　#電話番号　#メールアドレス

Section 04

電話番号かメールアドレスでアカウントを作成する

アプリをインストールしたら、アカウントを作成しましょう。作成時には、電話番号、メールアドレス（本項で解説）、またはFacebookアカウント（次項で解説）のいずれかが必要です。

アカウントを作成する

1 Instagramアプリを起動し、[新しいアカウントを作成]をタップします。

2 使用したい「氏名」を入力し、

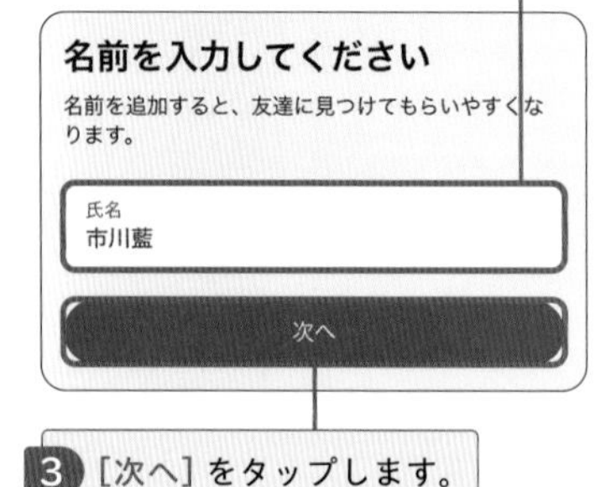

3 [次へ]をタップします。

4 使用したい「パスワード」を入力し、

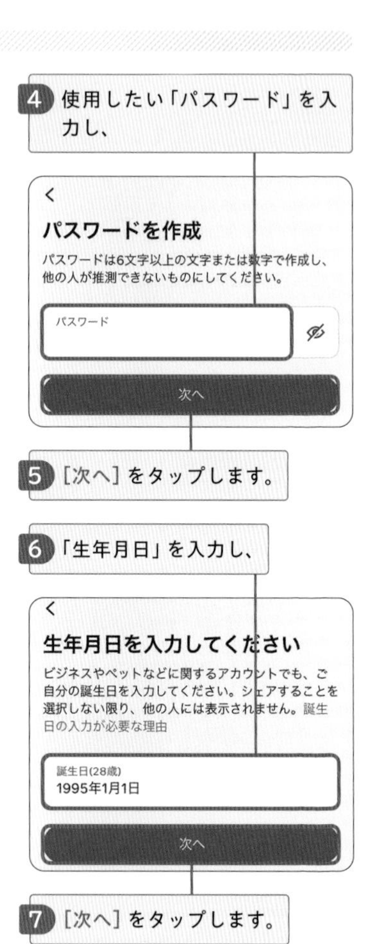

5 [次へ]をタップします。

6 「生年月日」を入力し、

7 [次へ]をタップします。

「ユーザーネーム」が自動で作成されます。問題がなければ[次へ]をタップします。

8 使用したい「ユーザーネーム」を入力し、

ユーザーネームを作成

新規に作成するか、自動作成されたユーザーネームを使用することができます。ユーザーネームはいつでも変更できます。

ユーザーネーム
ichikawa_ai01

次へ

9 [次へ]をタップします。

10 「携帯電話番号」を入力し、

い

連絡が取れる携帯電話番号を入力してください。この情報はプロフィールで他の人には表示されません。

携帯電話番号
07000000000

セキュリティやログインに関する理由により、SMS通知が届くことがあります。

次へ

メールアドレスで登録

11 [次へ]をタップします。

Memo メールアドレスで登録する

メールアドレスでアカウントを作成したい場合は、手順10の画面で[メールアドレスで登録]をタップします。

12 電話番号(またはメールアドレス)に届いた認証コードを入力し、

認証コードを入力してください

アカウントを認証するには、+817000000000に送信された6桁のコードを入力してください。

認証コード
475613

次へ

13 [次へ]をタップします。

14 利用規約を確認し、[同意する]をタップします。

Instagramの利用規約とポリシーに同意する

サービスの利用者があなたの連絡先情報をInstagramにアップロードしている場合があります。詳しくはこ

れます。

同意する

画面の指示に従って操作を進めます。なお、ここで設定する項目はすべて後から変更できます。

15 インスタグラムの「ホーム」画面が表示されます。

Section 05

Facebookアカウントでアカウントを作成する

インスタグラムとFacebookは同じMeta社が提供するサービスのため、Facebookのアカウント情報を利用してインスタグラムのアカウントを作成することも可能です。

アカウントを作成する

Facebookでインスタグラムのアカウントを作成する場合、事前にFacebookアプリやブラウザでFacebookのアカウントにログインしておく必要があります。

1 Instagramアプリを起動し、[○○としてログイン] をタップします。

2 Facebookのアカウントを確認し、[次へ] をタップします。

Check アプリ間の情報が同期・連携される

Facebookでインスタグラムのアカウントを作成することで、アプリ間の情報を同期・連携できるようになります。これにより、Facebookのプロフィール情報の変更をインスタグラムにも反映させたり、同時投稿を行ったり、Facebookの友達をインスタグラムで見つけやすくなったりします。情報の同期・連携を解除する場合は、P.175を参照してください。

3 Facebookで使用している名前をそのままインスタグラムでも使用する場合は、[この情報を同期]をタップします。

Facebookとは異なる名前をインスタグラムで使用したい場合は[後で]をタップし、「氏名」を入力して、[次へ]をタップします。

「ユーザーネーム」が自動で作成されます。問題がなければ[次へ]をタップします。

4 使用したい「ユーザーネーム」を入力し、

5 [次へ]をタップします。

6 利用規約を確認し、[同意する]をタップします。

画面の指示に従って操作を進めます。なお、ここで設定する項目はすべて後から変更できます。

7 インスタグラムの「ホーム」画面が表示されます。

1章 インスタグラムをはじめる

#プロフィールアイコン #名前 #自己紹介 #リンク

Section 06 プロフィールを設定する

プロフィールアイコン、名前、自己紹介、リンクを設定する方法を解説します。なお、名前の変更ができるのは14日以内に2回までです。

プロフィールを設定する

1 画面下部の◎をタップし、

2 [プロフィールを編集] をタップします。

3 プロフィールアイコンの設定は、[写真やアバターを編集] → [後で] をタップします。

4 ここではスマートフォンに保存されている写真を設定するので、[ライブラリから選択] → [次へ] をタップします。

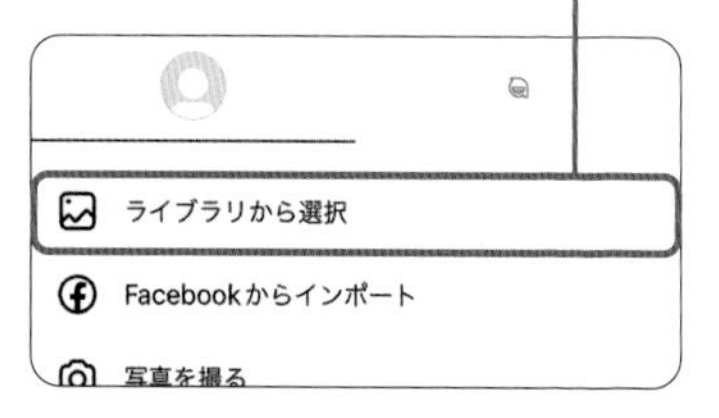

5 写真の選択画面からプロフィールアイコンに使用したい写真をタップし、表示範囲を調整して、

6 [完了] をタップします。

7 名前の変更は、[名前]をタップします。

ユーザーネームを変更した場合、タグ付けされた投稿のユーザーネームは自動的に変更後のものに置き換わります。

8 変更したい名前を入力し、

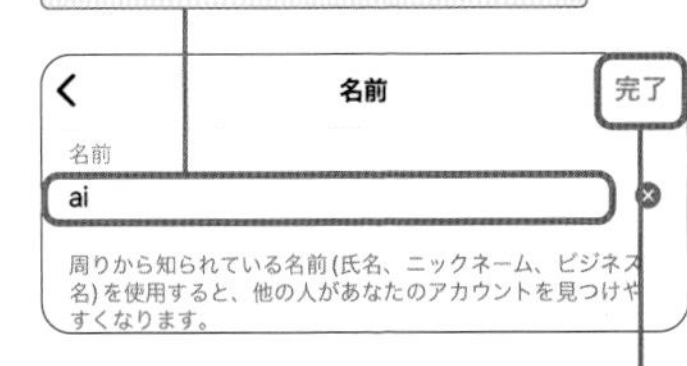

9 [完了]をタップします。

10 自己紹介の設定は[自己紹介]をタップし、設定したい内容を入力して、

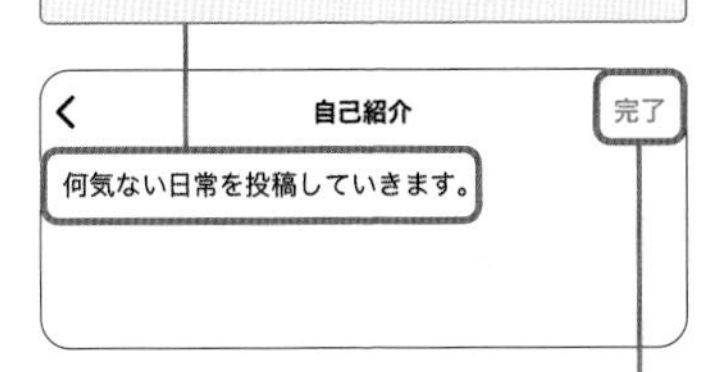

11 [完了]をタップします。

12 リンクの設定は[リンク]をタップし、[外部リンクを追加]をタップします。

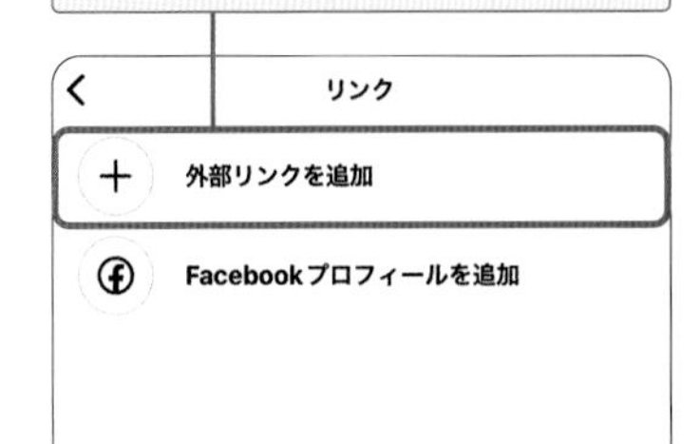

13 追加したいリンクの「URL」と「タイトル」を入力し、

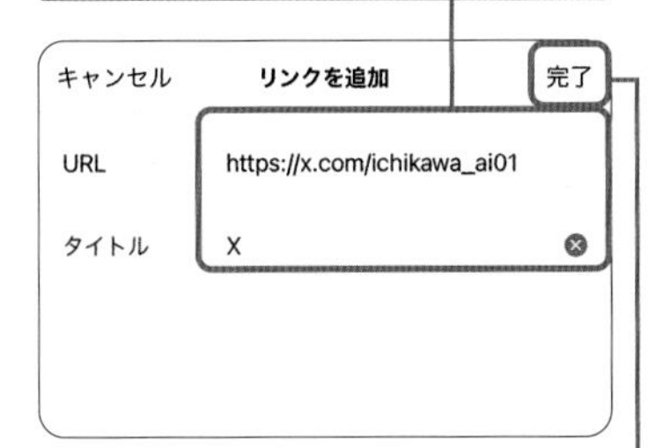

14 [完了]→くをタップします。

15 プロフィールが変更されたことを確認し、くをタップして保存します。

#操作画面　#メニュー

Section

07 インスタグラムの操作画面を確認する

インスタグラムは、画面下部のメニューアイコンをタップすることで画面を切り替えられます。それぞれの画面の役割を覚えると、操作をスムーズに行うことができます。

インスタグラムのメニューアイコンと各画面

インスタグラムの画面下部には5つのメニューアイコンが並んでいます。⌂はホーム画面、Qは検索画面、⊞は投稿画面、▶はリール画面、◎はプロフィール画面となっており、各アイコンをタップして画面を切り替えます。

ホーム画面

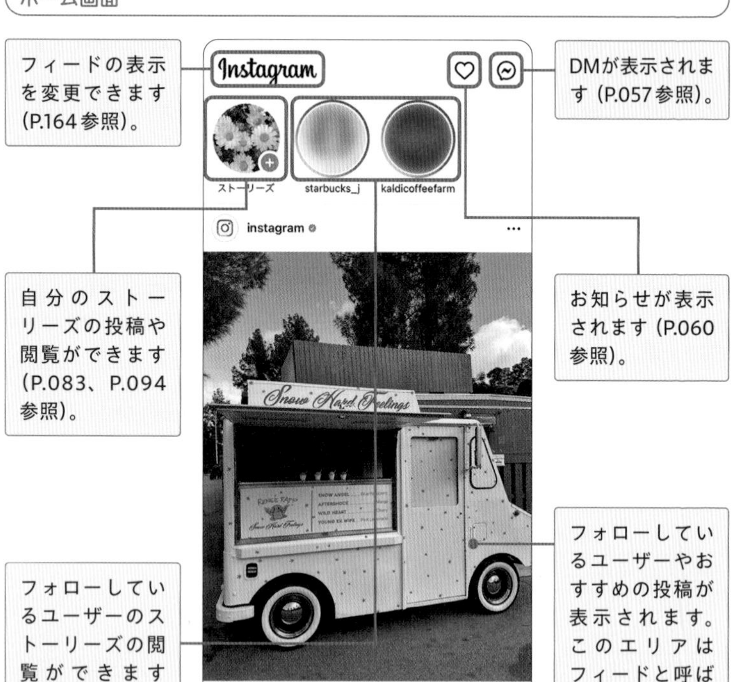

フィードの表示を変更できます（P.164参照）。

DMが表示されます（P.057参照）。

自分のストーリーズの投稿や閲覧ができます（P.083、P.094参照）。

お知らせが表示されます（P.060参照）。

フォローしているユーザーのストーリーズの閲覧ができます（P.098参照）。

フォローしているユーザーやおすすめの投稿が表示されます。このエリアはフィードと呼ばれます。

検索画面

キーワードを入力して、「おすすめ」「アカウント」「音声」「タグ」「リール動画」「場所」を検索できます（P.045、P.048～P.049参照）。なお、アカウントの環境によっては「リール動画」が表示されない場合があります。

位置情報に応じて近隣の店舗の投稿が表示されます。

インスタグラムがおすすめする投稿が表示されます。

投稿画面

選択した写真や動画が表示されます。

投稿する写真や動画のトリミングができます（P.064参照）。

表示するフォルダを選択できます。

スマートフォンに保存されている写真や動画が表示されます。

複数枚の写真や動画を選択できます（P.031参照）。

カメラが起動します（P.028参照）。

スワイプして「投稿」「ストーリーズ」「リール」「ライブ」から投稿先を選択できます。

リール画面

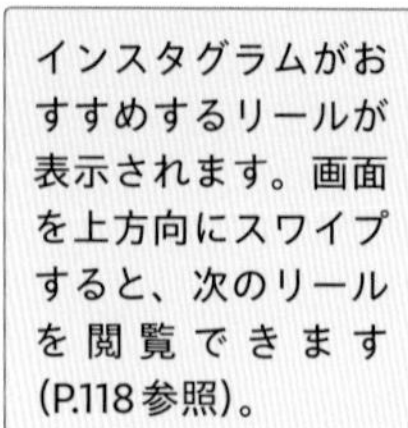
インスタグラムがおすすめするリールが表示されます。画面を上方向にスワイプすると、次のリールを閲覧できます(P.118参照)。

新しいリールを投稿できます(P.101参照)。

プロフィール画面

アカウントの追加や切り替えができます(P.181参照)。

「リール」「投稿」「ストーリーズ」「ストーリーズハイライト」「ライブ」から投稿先を選択できます。

投稿数やフォロー/フォロワー数、自己紹介など、自分のプロフィール情報が表示されます(P.022、P.061～P.062参照)。

インスタグラムの設定などの項目が表示されます。

インスタグラムがおすすめするアカウントが表示されます。

自分の投稿の一覧が表示されます。

自分がタグ付けされた投稿が表示されます(P.207参照)。

第2章

基本の使い方を知る

Section 08 写真を撮影して投稿する

インスタグラムでは、その場で撮影した写真を投稿することができます。特別な瞬間やおもしろい場面を写真に収めて、そのときの感動や楽しさをインスタグラムで共有してみましょう。

1. 写真を撮影する

1 ホーム画面下部の⊞をタップします。

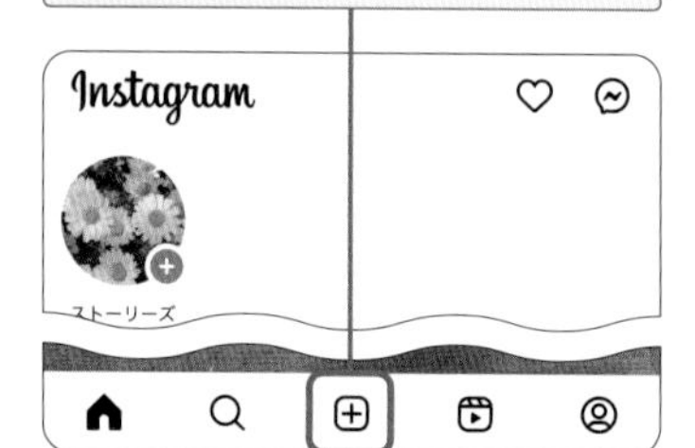

2 「新規投稿」画面下部の投稿先を［投稿］までスワイプし、

3 ◎をタップします。

4 カメラが起動するので、◯をタップして写真を撮影します。

Check カメラやマイクのアクセスを許可する

手順4のあとにカメラとマイクへのアクセス許可を求める画面が表示された場合、iPhoneではそれぞれをタップして［OK］をタップします。Androidでは、それぞれ［アプリの使用中のみ許可］をタップします。

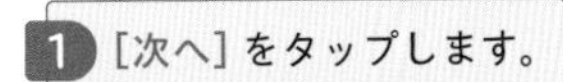

2. 写真を投稿する

1 [次へ] をタップします。

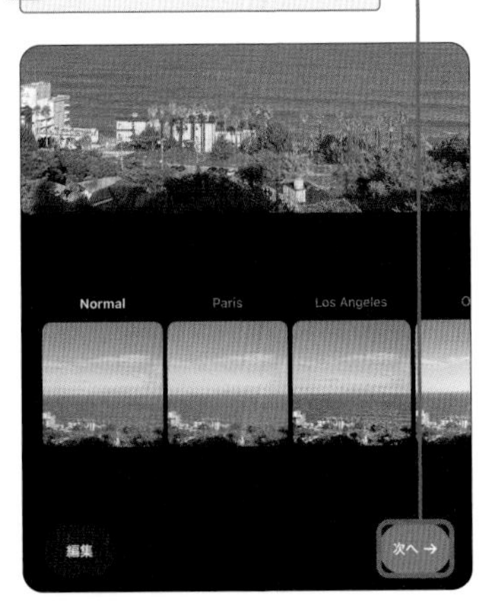

2 [キャプションを入力…] をタップします。

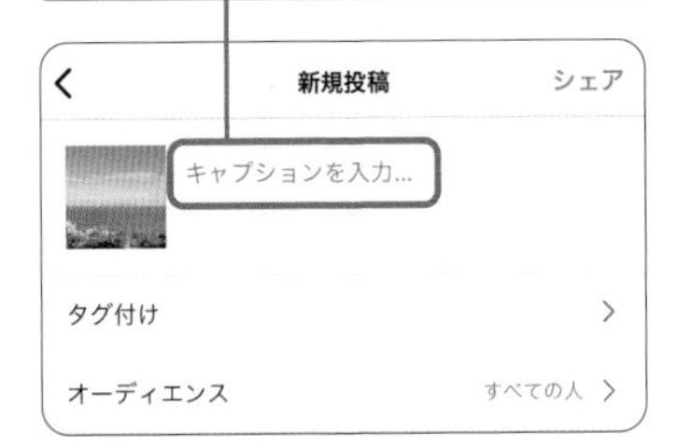

3 任意のキャプションを入力し、

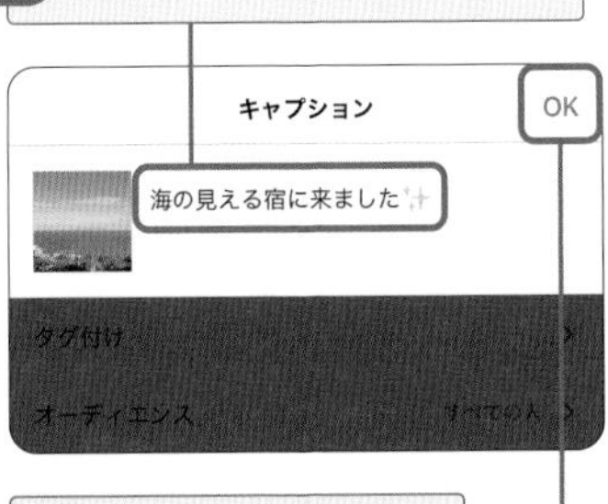

4 [OK] をタップします。

5 [シェア] をタップします。

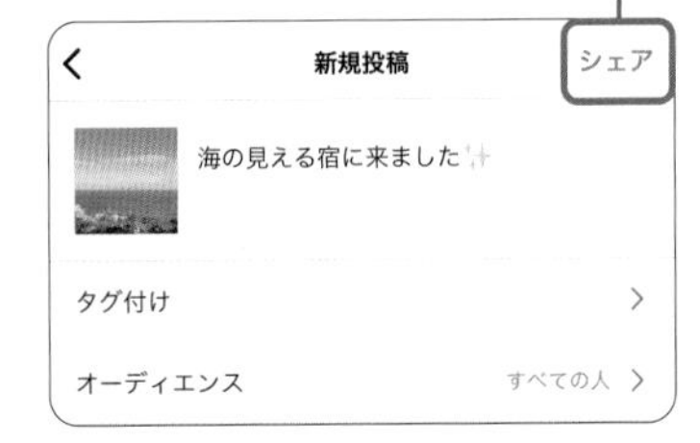

6 投稿が完了し、フィードに表示されます。

Memo 動画を投稿する

P.028手順4の画面で◎を長押しすると、動画の撮影が開始されます。指を離すと撮影が終了するので、任意の編集やキャプションの入力を行って投稿しましょう。なお、インスタグラムで投稿する動画はすべて「リール」として扱われます（P.078、P.100参照）。

#写真投稿　#スマートフォンの写真

Section 09

スマートフォンにある写真を投稿する

もちろんスマートフォンに保存されている写真や動画の投稿も可能です。過去の特別な思い出やお気に入りのカメラアプリで撮影した写真や動画を投稿してみましょう。

2章 基本の使い方を知る

スマートフォンにある写真を投稿する

P.028手順1～2を参考に「新規投稿」画面で［投稿］までスワイプします。

1 画面下部に表示されるデータ一覧から投稿したい写真をタップし、

2 ［次へ］をタップします。

3 ［次へ］をタップします。

P.029手順2～4を参考にキャプションを入力します。

4 ［シェア］をタップします。

新規投稿　シェア

たくさんの花が咲いていました(^^)

5 投稿が完了し、フィードに表示されます。

Hint スマートフォンのアルバムを表示する

手順1の画面で［最近の項目］をタップすると、スマートフォン内のアルバム（フォルダ）を選択して写真を表示できます。

Section 10 複数の写真を投稿する

写真や動画は、1つの投稿につき10件まで同時に投稿することができます。複数の写真や動画をまとめて投稿することで、投稿のストーリー性や一連の流れをより詳細に伝えられます。

複数の写真を投稿する

P.028手順1〜2を参考に「新規投稿」画面で［投稿］までスワイプします。

1 ［複数を選択］（以降は□）をタップし、

2 投稿したい写真をタップして選択したら、

3 ［次へ］をタップします。

4 ［次へ］をタップします。

P.029手順2〜4を参考にキャプションを入力します。

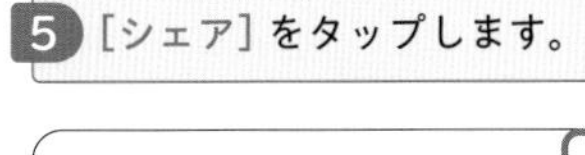

5 ［シェア］をタップします。

6 投稿が完了し、フィードに表示されます。

写真を左右にスワイプすると、次の写真を表示できます。

Section 11 ハッシュタグを付けて投稿する

ハッシュタグは、インスタグラム内でキーワードに関連する投稿を見つけやすくする手段として広く利用されています。多くのユーザーに投稿を見てもらえるよう、上手に活用しましょう。

ハッシュタグとは

「ハッシュタグ」とは、インスタグラムで投稿された写真や動画に関連するキーワードを示すためのタグで、「#」+「キーワード」の羅列で表されます。投稿のキャプションやコメント内に含めることが一般的であり、1つの投稿につき最大で30個までハッシュタグを付けることができます。
ハッシュタグはリンクのように機能し、ユーザーがハッシュタグをタップすると、そのハッシュタグが付いた投稿が一覧表示されます。例えば、旅行に関する投稿には「#旅行」や「#travel」などのハッシュタグを付けることで、他のユーザーが関連する投稿を探しやすくなります。
また、ハッシュタグはインスタグラムの検索機能としても活用されており、関心のある投稿やアカウントを見つけるための手助けにもなります（P.049参照）。

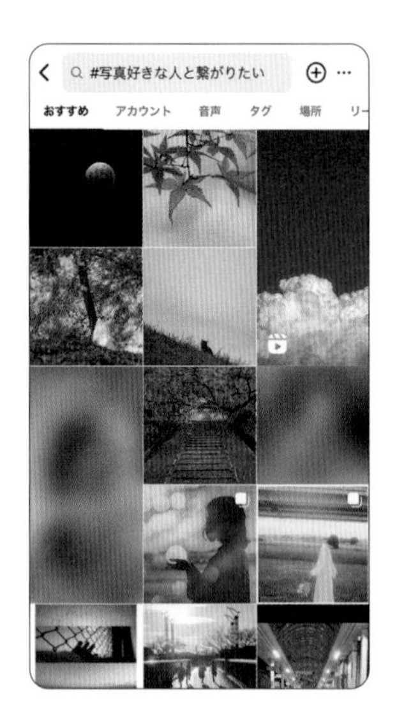

ハッシュタグを付けて投稿する

P.028手順1～P.029手順3を参考にキャプションの入力まで進めます。

1 任意のキャプションを入力したら、半角の「#」を入力します。

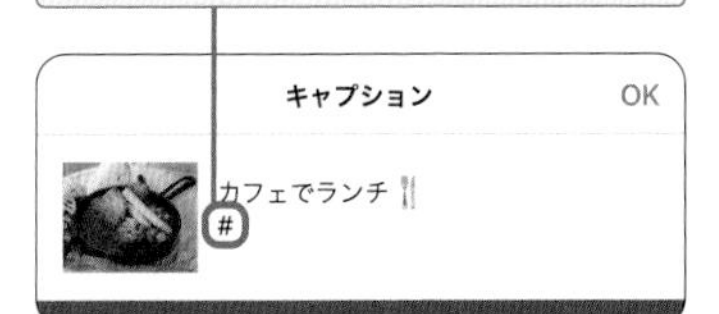

2 ハッシュタグにしたいキーワードを入力します。

設定したいキーワードが候補に表示されている場合はタップします。

3 任意の数のハッシュタグを入力し、

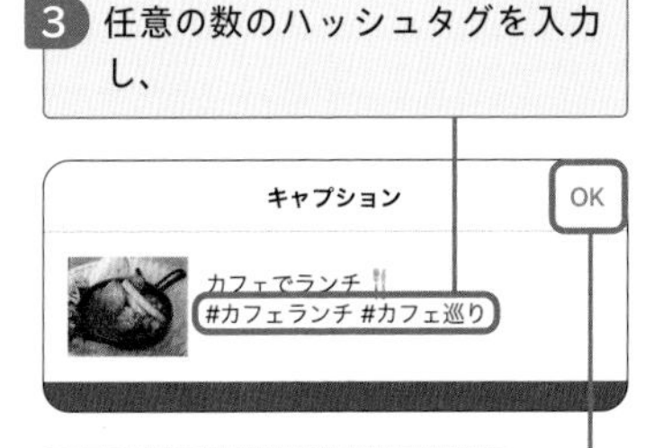

4 [OK]をタップします。

5 [シェア]をタップします。

6 投稿が完了し、フィードに表示されます。

Check ハッシュタグを付ける際の注意

ハッシュタグを付ける際には、いくつかの注意点があります。まず、「#」は半角でないとハッシュタグとして認識されません。また、ハイフンやピリオド、スペースなどは使用できず、文字列中にそれらの記号が入っていると、ハッシュタグが途切れてしまいます。

#写真投稿 #アカウント #タグ付け

Section 12

アカウントをタグ付けして投稿する

体験を共有した友人や訪れた店舗、着用した服のブランドなどのアカウントをタグ付けしてみましょう。これにより、他のユーザーとのコミュニケーションや情報共有がスムーズに行えます。

アカウントをタグ付けして投稿する

P.028手順1～P.029手順4を参考にキャプションの入力まで進めます。

1 ［タグ付け］をタップします。

新規投稿　シェア

美味しい

タグ付け

2 タグ付けしたい場所をタップします。

3 タグ付けしたいアカウントの名前やユーザーネームを入力し、

4 該当するアカウントをタップします。

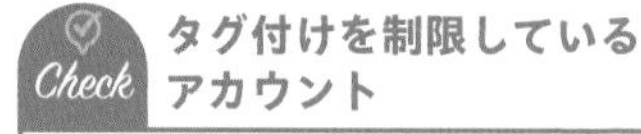

Check タグ付けを制限しているアカウント

インスタグラムの全ユーザーは、他人が自分のアカウントをタグ付けできないよう制限することが可能です（P.208参照）。タグ付けを制限しているアカウントは、手順3でグレーアウトしていたり表示されなかったりします。

アカウントがタグ付けされます。タグの場所を変更する場合は表示されているタグをドラッグします。タグ付けを削除する場合は×をタップします。

5 [完了]をタップします。

6 [シェア]をタップします。

7 投稿が完了し、フィードに表示されます。

8 をタップし、

9 表示されるタグをタップします。

10 タグ付けされたアカウントのプロフィール画面が表示されます。

をタップすると、そのアカウントがタグ付けされている投稿が一覧表示されます。

2章 基本の使い方を知る

Section

13 位置情報を追加して投稿する

写真に位置情報を追加して、自分が訪れた場所を共有しましょう。位置情報から投稿の検索も可能なため、共通の趣味や関心を持つ他のユーザーとのつながりを作ることができます。

位置情報を追加して投稿する

P.028手順1～P.029手順4を参考にキャプションの入力まで進めます。

1 [場所を追加]をタップします。

2 [検索]をタップします。

スマートフォンの位置情報が有効になっている場合、この画面に近くの施設が表示されます。

3 追加したい場所の名称や住所を入力し、

4 追加したい場所の名称をタップします。

5 [シェア]をタップします。

6 投稿が完了し、フィードに表示されます。

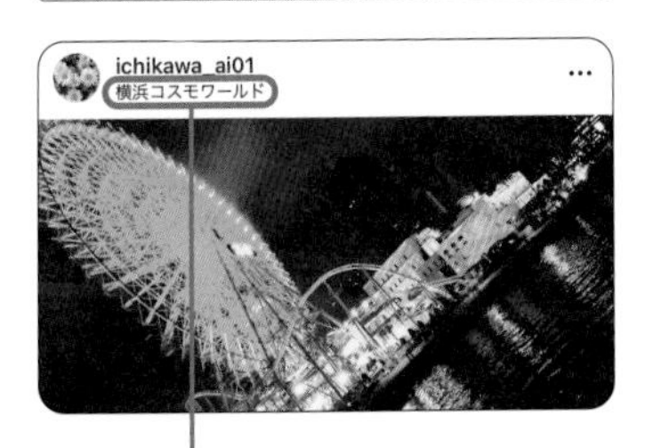

7 位置情報をタップします。

8 その場所に関連する投稿が一覧表示されます。

現在地近くの位置情報を追加して投稿する

1 P.036手順2の画面で[位置情報サービスをオンにする]をタップします。

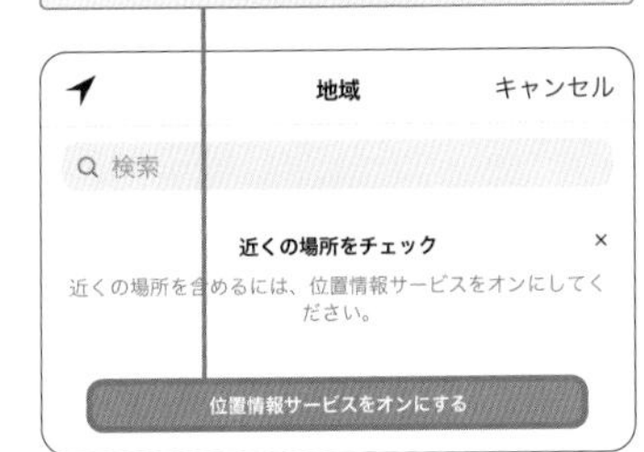

アクセス許可を求める画面が表示されたら、[次へ]→[アプリの使用中は許可]をタップします。

2 追加したい場所の名称をタップします。

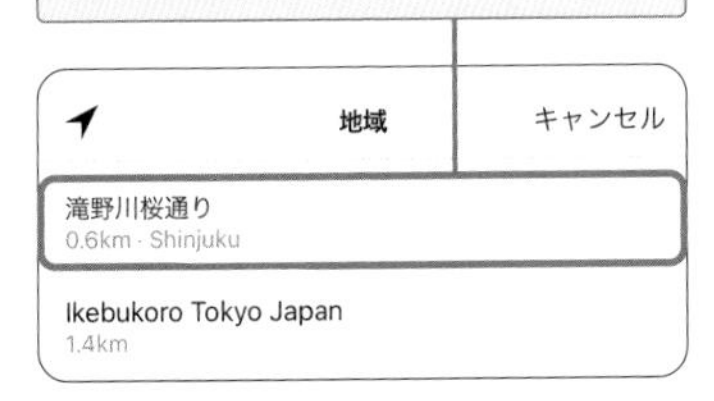

3 [シェア]をタップします。

4 投稿が完了し、フィードに表示されます。

Section 14 写真に音楽を付ける

インスタグラムには投稿に組み込むことができる音楽が多数用意されています。投稿の雰囲気に合った音楽やお気に入りの音楽を追加して、写真や動画の魅力を高めましょう。

1. 音楽を選択する

P.028手順1～P.029手順4を参考にキャプションの入力まで進めます。

1 ［音楽を追加］をタップします。

2 追加したい音楽の▶をタップします。

3 音楽が再生されます。

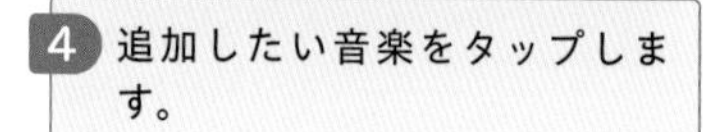

4 追加したい音楽をタップします。

写真選択後の画面で音楽を追加する

P.029手順1やP.030手順3の画面で♫をタップすることでも、音楽を追加できます。また、追加したい音楽が決まっている場合は、手順3の画面で［ミュージックを検索］をタップしてタイトルやアーティスト名を検索できます。

2. 音楽を調整して投稿する

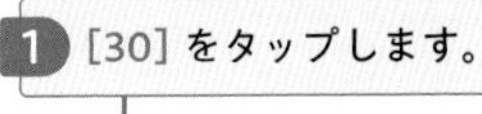

1 [30] をタップします。

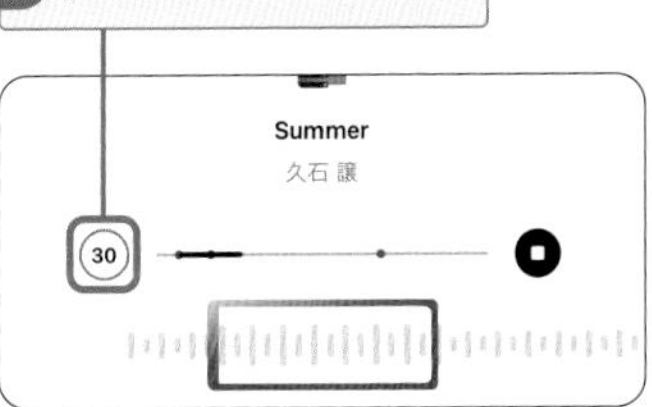

2 画面を上下にスワイプしてクリップの長さを設定し、

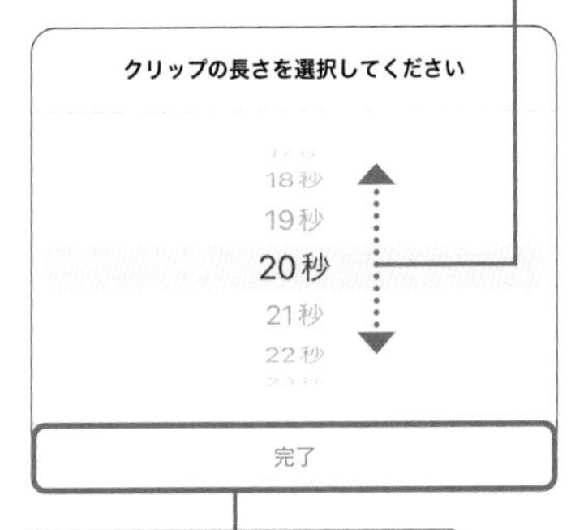

3 [完了] をタップします。

4 画面下部のタイムラインを左右にスライドし、音楽を聴きながら使いたい部分を探します。

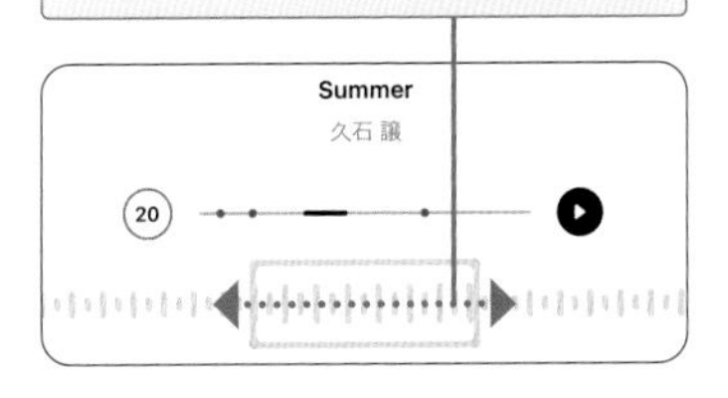

タイムライン上部の点は、サビなどのメイン部分です。その位置までタイムラインをスライドするとボックスが光ります。

5 音楽を再生して確認し、

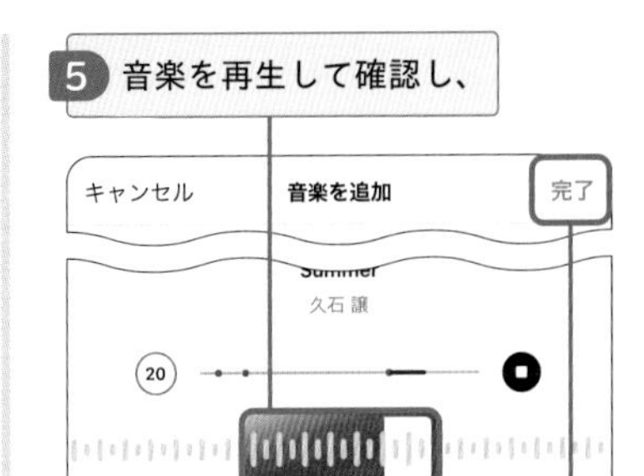

6 問題がなければ [完了] をタップします。

7 [シェア] をタップします。

8 投稿が完了し、フィードに表示されます。

9 🔇をタップすると、音楽が再生されます。

Section 15 投稿を削除する

誤って共有してしまった投稿は削除することができます。削除した投稿は30日以内であれば復元可能ですが、その期間を超えると完全に削除されます。

投稿を削除する

1 画面下部の㊀をタップしてプロフィール画面を表示し、

2 削除したい投稿をタップします。

3 …をタップします。

4 ［削除］をタップします。

5 ［削除］をタップすると、投稿が削除されます。

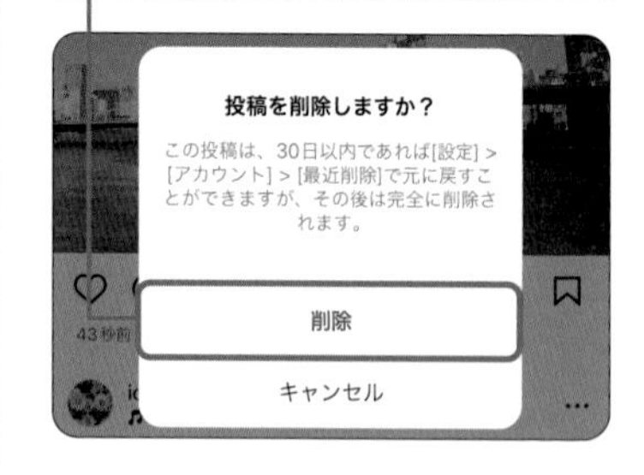

フィードからも同様に削除の操作が可能です。

削除した投稿を復元する

1 プロフィール画面右上の☰をタップします。

2 [アクティビティ] をタップします。

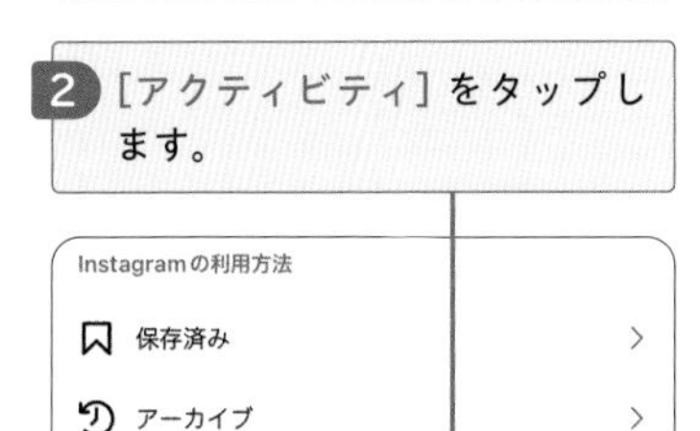

3 [最近削除済み] をタップします。

4 復元したい投稿をタップします。

5 …をタップし、

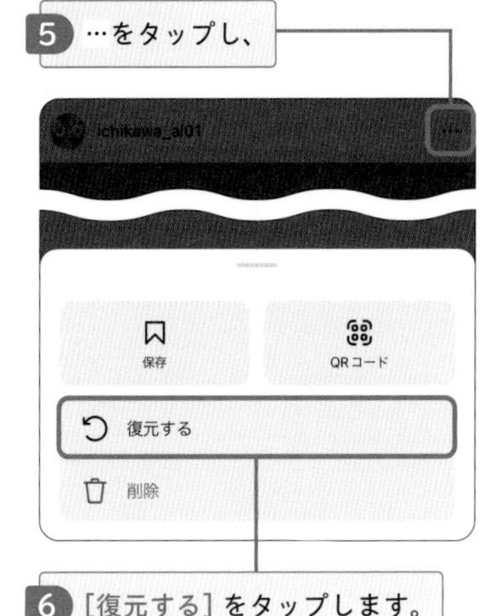

6 [復元する] をタップします。

[削除] → [削除] をタップすると、投稿が完全に削除されます。

7 [復元する] をタップすると、投稿が復元されます。

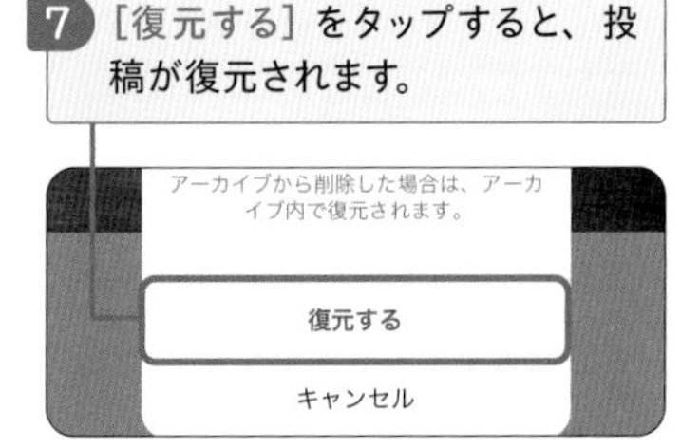

#フォロー　#連絡先　#Facebook　#QRコード

Section 16 知り合いのアカウントをフォローする

スマートフォンの連絡先やFacebookの情報をインスタグラムにリンクしたり、アカウントのQRコードを読み込んだりすると、知り合いのアカウントを見つけてフォローすることができます。

連絡先からフォローする

1 プロフィール画面右上の☰をタップします。

2 [アカウントセンター]をタップします。

3 [あなたの情報とアクセス許可]をタップします。

4 [連絡先をアップロード]をタップします。

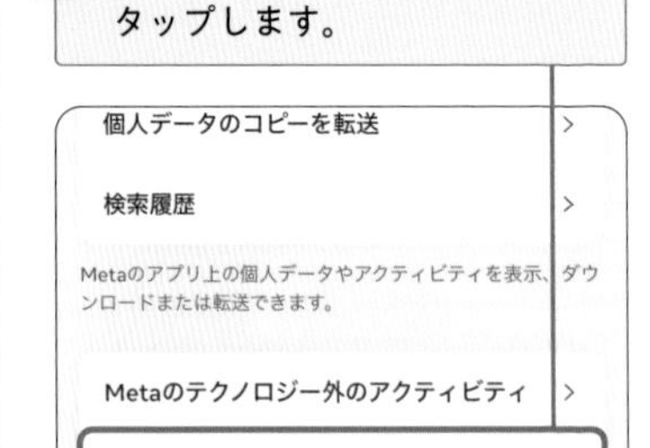

5 「連絡先をリンク」の をタップして にします。

「連絡先へのアクセス」画面が表示されたら、画面の指示に従って許可します。

6 画面下部の をタップしてプロフィール画面を表示し、

7 「フォローする人を見つけよう」の［すべて見る］をタップします。

8 「おすすめ」に表示される知り合いのアカウントをタップします。

9 アカウントのプロフィール画面が表示されます。［フォロー］をタップすると、フォローが完了します。

Facebookの友達を探してフォローする

Facebookのアカウントを使用してインスタグラムのアカウントを作成していたり（P.020参照）、インスタグラムとFacebookを連携したりしている場合は（P.172参照）、Facebookの友達を探してインスタグラムでフォローすることができます。手順8の画面で「〇〇としてログイン」の［リンク］をタップしてFacebookとのリンクが完了すると、「おすすめ」にFacebookの友達のアカウントが表示されるようになります。

QRコードからフォローする

あらかじめ知り合いからインスタグラムのQRコードを共有してもらいます。

1 プロフィール画面の［プロフィールをシェア］をタップします。

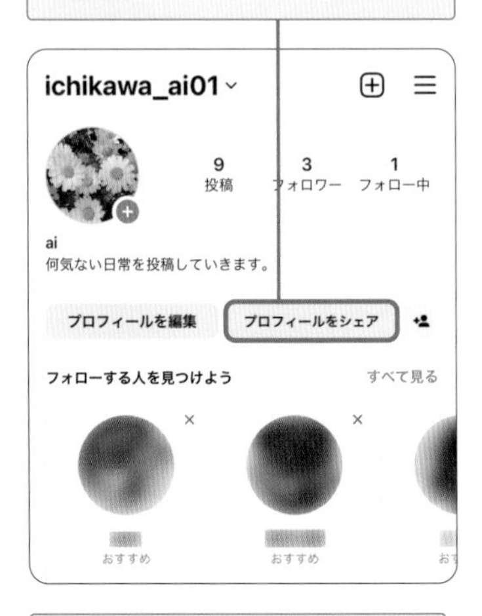

2 画面右上の をタップします。

3 画面右上のサムネイルをタップします。

4 知り合いから共有されたQRコードの画像をタップします。

5 アカウントが表示されます。［フォロー］をタップすると、フォローが完了します。

［プロフィールを見る］をタップすると、プロフィール画面が表示されます。

#フォロー　#アカウント　#検索

Section 17

アカウントを探してフォローする

フォローしたいアカウントが決まっている場合、そのアカウントの名前やユーザーネームを「アカウント」のタブから検索してフォローすることができます。

アカウントを探してフォローする

1 画面下部のQをタップして検索画面を表示し、

2 [検索] をタップします。

3 検索したい名前やユーザーネームを入力し、検索します。

Instagram　キャンセル
instagram
Instagram・フォロワー6.5億人
layoutfrominstagram
Layout from Instagram・フォロワー4.1万人
instagramforbusiness
Instagram for Business・フォロワー1,741万人

4 [アカウント] をタップし、

5 候補から目的のアカウントをタップします。

6 アカウントのプロフィール画面が表示されます。[フォロー] をタップすると、フォローが完了します。

#フォロー　#フィード　#投稿の閲覧

Section 18

フォローしているアカウントの投稿を見る

フォロー中のアカウントの投稿は、ホーム画面のフィードに表示されます。画面を上下にスワイプすることで他のアカウントの投稿も表示でき、投稿からプロフィール画面にも移動できます。

フォローしているアカウントの投稿を見る

フォローしているアカウントの投稿がホーム画面のフィードに表示されます。

1 画面を上方向にスワイプします。

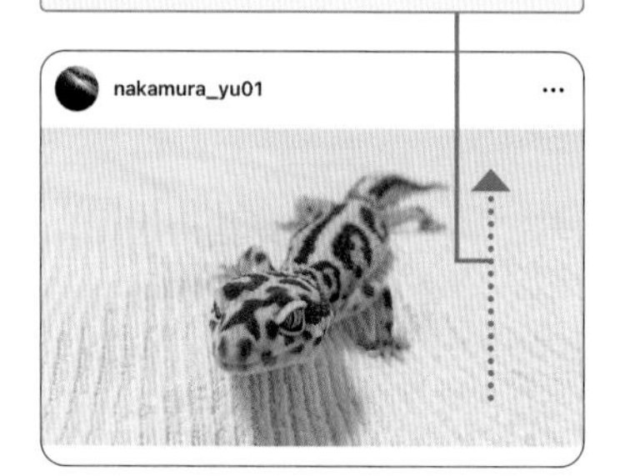

2 他のアカウントの投稿が表示されます。

3 すべての投稿を見たい場合は、投稿のユーザーネームをタップします。

4 プロフィール画面が表示されます。投稿一覧から投稿をすべて確認できます。

任意の投稿のサムネイルをタップすると投稿の詳細が表示され、画面を上方向または下方向にスワイプすると前後の投稿が表示されます。

Section 19 フォローしていないアカウントの投稿を見る

フォローしていないアカウントの投稿は、検索画面から閲覧できます。おすすめでは閲覧履歴やフォローの傾向から、自分好みの投稿が表示されるようになっています。

フォローしていないアカウントの投稿を見る

1 画面下部のQをタップして検索画面を表示すると、

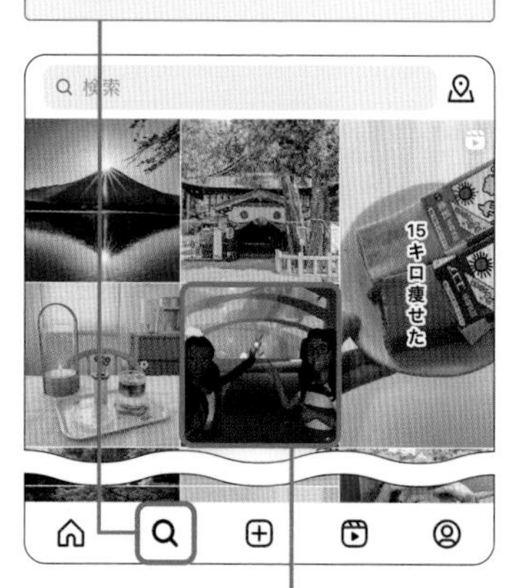

2 インスタグラムがおすすめする投稿が表示されるので、気になる投稿のサムネイルをタップします。

3 投稿が表示されます。

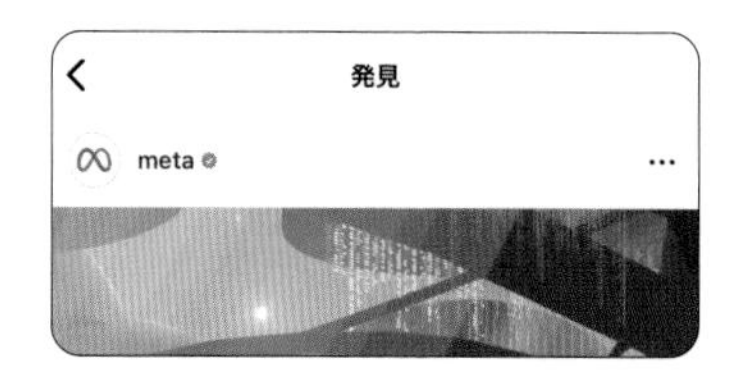

画面を上方向にスワイプすると、他のアカウントの投稿が表示されます。

4 すべての投稿を見たい場合は、投稿のユーザーネームをタップします。

5 プロフィール画面が表示されます。投稿一覧から投稿をすべて確認できます。

#おすすめ　#ハッシュタグ　#リール　#検索

Section

20 興味のある投稿を探す

検索画面で興味のあるキーワードを入力し、「おすすめ」「タグ」「リール動画」などのタブから投稿を探すことができます。世界中の投稿から素敵なコンテンツを見つけられるでしょう。

おすすめから投稿を探す

1 画面下部のQをタップして検索画面を表示し、

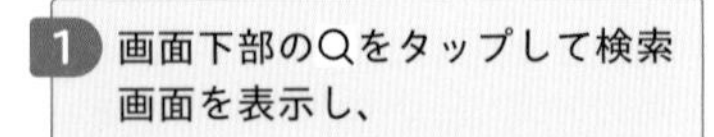

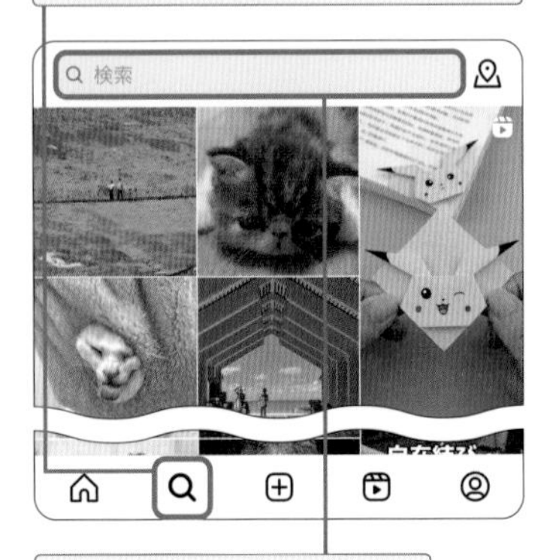

2 ［検索］をタップします。

3 興味のあるキーワードを入力して検索します。

4 インスタグラムがおすすめする投稿が表示されるので、気になる投稿のサムネイルをタップします。

5 投稿が表示されます。

ハッシュタグから投稿を探す

1 P.048を参考にキーワードを入力して検索し、[タグ]をタップします。

2 気になるハッシュタグをタップします。

3 ハッシュタグの付いた投稿が表示されます。

リールから投稿を探す

1 P.048を参考にキーワードを入力して検索し、[リール動画]をタップします。

2 気になる投稿のサムネイルをタップします。

3 リールの投稿が表示されます。

アカウントの環境によっては、検索画面に「リール動画」が表示されない場合があります。

#いいね　#いいねした投稿の確認　#いいねの取り消し

Section
21 投稿に「いいね！」を付ける

気に入った投稿や共感した投稿には、「いいね！」を付けてリアクションしてみましょう。「いいね！」は投稿だけでなく、コメントにも付けることが可能です。

投稿に「いいね！」を付ける

1 「いいね！」を付けたい投稿の♡をタップします。

2 ♡が♥に変わり、「いいね！」が付きます。

3 手順2の画面で○をタップし、コメントを表示します。

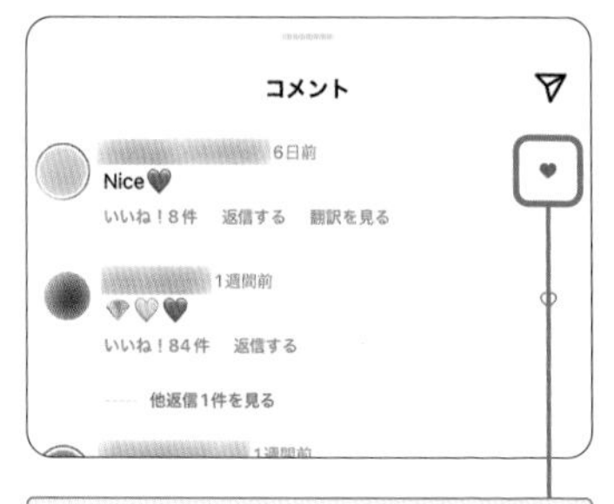

4 「いいね！」を付けたいコメントの♡をタップすると♥に変わり、「いいね！」が付きます。

Memo 「いいね！」を取り消す

「いいね！」を取り消すには、♥をタップして♡に戻します。また、P.051手順4の画面で［選択］をタップし、任意の投稿にチェックを付けて［「いいね！」を取り消す］→［「いいね！」を取り消す］をタップしても取り消すことができます。

「いいね！」した投稿を確認する

1 プロフィール画面右上の☰をタップします。

2 ［アクティビティ］をタップします。

Instagramの利用方法
保存済み
アーカイブ
アクティビティ
お知らせ
利用時間
コンテンツの公開範囲

3 ［「いいね！」］をタップします。

4 確認したい投稿のサムネイルをタップします。

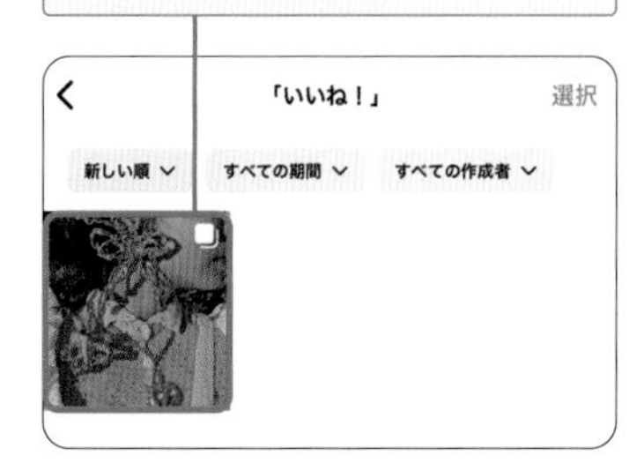

5 投稿が表示されます。

Hint 「いいね！」した投稿を整理する

手順**4**の画面では、「いいね！」した投稿を確認しやすくするための操作を行えます。投稿を並べ替えたいときは［新しい順］をタップ、日付でフィルターをかけたいときは［すべての期間］をタップ、ユーザーの絞り込みをしたいときは［すべての作成者］をタップしましょう。

#保存　#保存した投稿の確認　#保存の取り消し　#コレクション

Section 22

投稿を保存する

関心を持った投稿や参考にしたい投稿は、個人的なコレクションとして保存し、後で見返すことができます。なお、保存は投稿者には通知されず、他のユーザーに見られることもありません。

投稿を保存する

1 保存したい投稿の⬜をタップします。

2 ⬜が■に変わり、保存が完了します。

コレクションが作成されている場合（P.053Hint参照）、保存の際にどのコレクションに振り分けるかを選択できます。

保存を取り消す

保存を取り消すには、■をタップして⬜に戻します。また、P.053手順4の画面で…→［選択…］をタップし、任意の投稿にチェックを付けて［保存を取り消す］→［保存を取り消す］をタップしても取り消すことができます。

保存した投稿を確認する

1 プロフィール画面右上の三をタップします。

2 ［保存済み］をタップします。

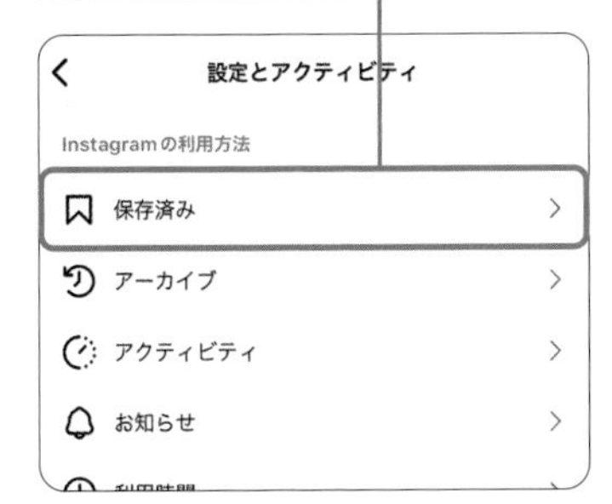

3 ［すべての投稿］をタップします。

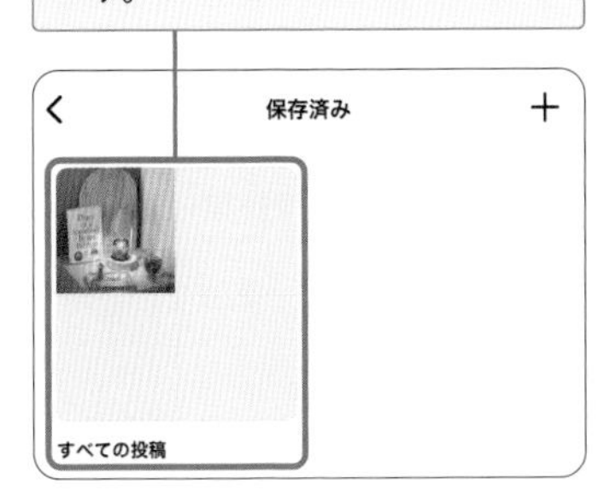

コレクションが作成されている場合（Hint参照）、コレクション内の投稿も選択できます。

4 確認したい投稿のサムネイルをタップします。

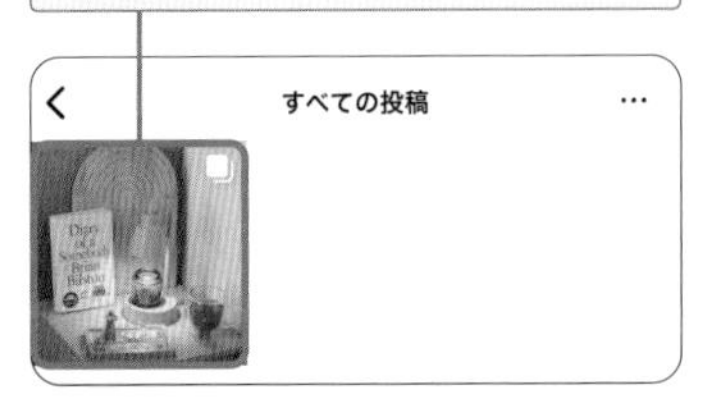

5 投稿が表示されます。

Hint コレクションを作成して投稿を整理する

手順3の画面で＋をタップすると、投稿をフォルダのように振り分けることができる「コレクション」の作成画面が表示されます。自由にタイトルを付けて保存した投稿を整理しましょう。

#コメント #投稿したコメントの確認 #コメントの取り消し

Section 23 投稿にコメントを送る

投稿に対するリアクションは「いいね！」だけでなく、感想や意見を言葉で送ることもできます。質問や情報交換など、ユーザー同士のコミュニケーション手段としても役に立ちます。

投稿にコメントを送る

1 コメントを送りたい投稿のQをタップします。

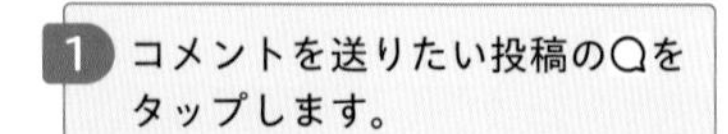

2 コメント内容を入力し、

3 ［投稿する］をタップします。

4 コメントが完了します。

コメントはフィードや投稿一覧に表示され、他のユーザーも閲覧できます。

Memo コメントを取り消す

送ったコメントを取り消すには、コメントを左方向にスワイプして🗑をタップします。また、P.055手順4の画面で［選択］をタップし、任意の投稿にチェックを付けて［削除］→［削除］をタップしても取り消すことができます。

投稿したコメントを確認する

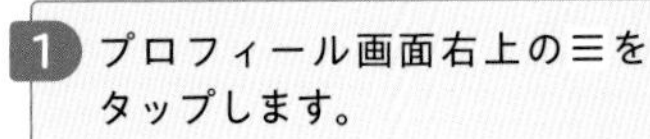

1 プロフィール画面右上の☰をタップします。

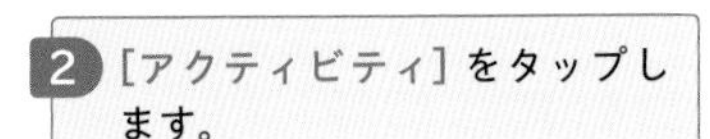

2 [アクティビティ]をタップします。

Instagramの利用方法
保存済み
アーカイブ
アクティビティ
お知らせ
利用時間

3 [コメント]をタップします。

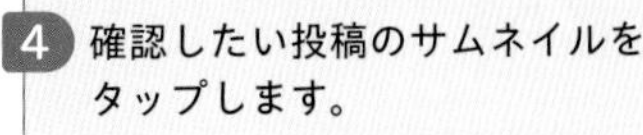

4 確認したい投稿のサムネイルをタップします。

5 投稿が表示されます。

Hint コメントした投稿を整理する

手順4の画面では、コメントした投稿を確認しやすくするための操作を行えます。投稿を並べ替えたいときは[新しい順]をタップ、日付でフィルターをかけたいときは[すべての期間]をタップ、ユーザーの絞り込みをしたいときは[すべての作成者]をタップ、Facebookにシェアした投稿を表示したいときは[Facebookでシェア済み]をタップしましょう。

#シェア #共有

Section

24 投稿をシェアする

気に入った投稿や共感を求めたい投稿をシェアしてみましょう。シェア先はメッセージやメールなどのアプリなども選択でき、インスタグラムのアカウントを持っていない人へも共有が可能です。

投稿をシェアする

1 シェアしたい投稿の▽をタップします。

2 投稿をシェアする方法（ここでは［メッセージ］）をタップします。

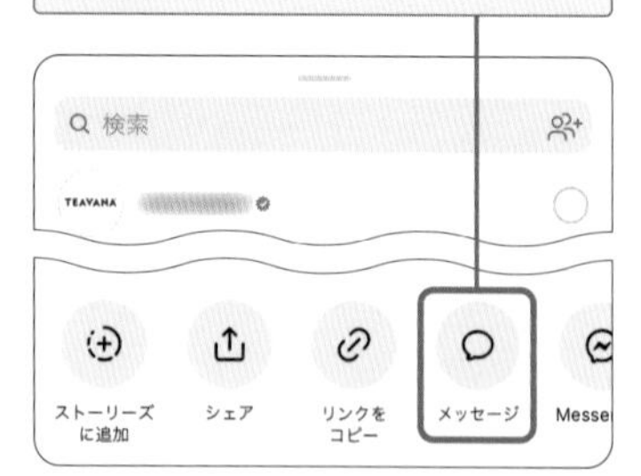

3 メッセージアプリが起動し、投稿のリンクが入力されます。宛先を設定して送信します。

Memo 投稿をシェアする他の方法

投稿をシェアする方法はいくつかあります。手順**2**の画面で任意のユーザーにチェックを付けるとDMに（P.057～P.059参照）、［ストーリーズに追加］をタップするとストーリーズに（P.205～P.206参照）、［シェア］をタップするとAirDropやメールなどのアプリに投稿をシェアできます。

Section 25 DMを送信する

DM（ダイレクトメッセージ）は、他のユーザーとプライベートな会話を行える機能です。会話は相手以外には公開されないため、個人的な話題や情報のやり取りに活用しましょう。

1. DMの相手を選択する

1 ホーム画面右上の⊖をタップします。

2 画面右上の☑をタップします。

3 「宛先」にDMを送信したい相手の名前やユーザーネームを入力し、

4 表示される候補から目的の相手の＋をタップします。

5 ［チャットを作成］をタップします。

2. DMを送信する

1 [メッセージを入力…] をタップします。

2 メッセージを入力し、

3 ▼をタップします。

4 メッセージが送信されます。

Memo DMでできること

相手のプロフィール画面で [メッセージ] をタップすることでも、DMの送信ができます。DMでは、メッセージの他に写真や音声、スタンプの送信も可能です。また、音声通話やビデオ通話の機能も備わっており、インスタグラム上でコミュニケーションを取りやすくなっています。

3. 受信したDMを確認する

1 DMが届くとホーム画面右上の にバッジが表示されるので、タップします。

2 目的のメッセージをタップします。

3 メッセージを確認できます。

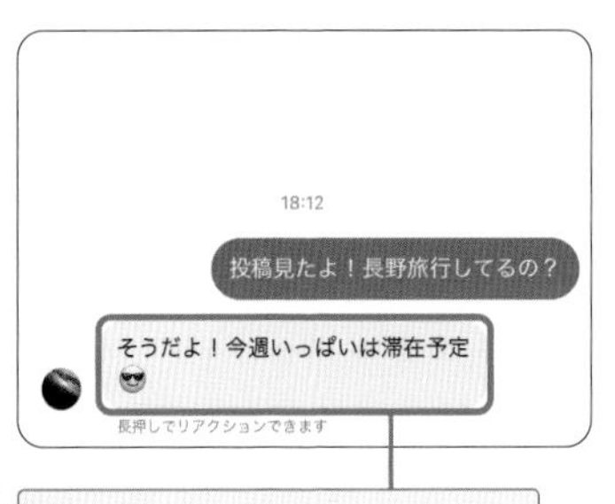

4 メッセージを長押しします。

5 ここでは送信したいリアクションのアイコンをタップします。

6 メッセージにリアクションが付きます。

メッセージに対する操作

メッセージに対する操作はリアクションだけではありません。手順5の画面で［返信する］をタップすると特定のメッセージに対する返信、［転送］をタップするとメッセージを他のユーザーへ転送、［コピー］をタップするとクリップボードにコピー、［報告する］をタップすると悪質なメッセージをインスタグラムに報告できます。

Section 26

インスタグラムのお知らせを確認する

投稿に対する反応やフォロワーの増加などがあると、お知らせが届きます。通知から詳細な情報を確認できるため、スムーズにコメントを返信したりフォローバックしたりすることが可能です。

インスタグラムのお知らせを確認する

1 お知らせが届くとホーム画面右上の♡にバッジが表示されるので、タップします。

2 確認したいお知らせをタップします。

3 お知らせの対象の投稿が表示されます。

Memo 「お知らせ」画面でできる操作

投稿に付いたコメントに対する返信や「いいね！」は、手順2の画面でも行えます。また、任意のお知らせを左方向にスワイプして表示される🗑をタップすると、お知らせが削除されます。

#フォロー #フォロワー #フォローバック

Section 27

フォロー・フォロワーの一覧を見る

フォローされているアカウント、フォローしたアカウントは、プロフィール画面から確認できます。また、フォローされているアカウントのフォローバックも簡単です。

フォローを確認する

1 プロフィール画面で［フォロー中］をタップします。

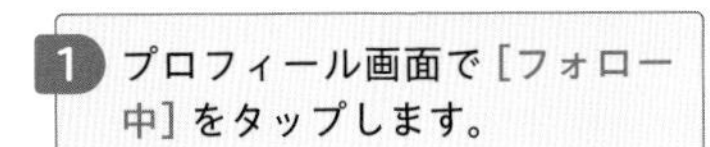

2 フォロー中のアカウントが表示されます。

アカウントをタップすると、そのアカウントのプロフィール画面が表示されます。

3 手順2の画面で⇅をタップすると、［デフォルト］［フォローした日が新しい順］［フォローした日が古い順］のいずれかをタップしてアカウントの並べ替えができます。

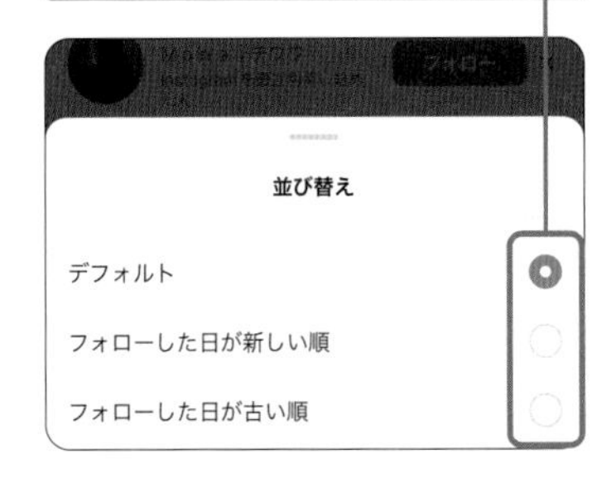

4 手順2の画面で［検索］をタップして任意のアカウントの名前やユーザーネームを入力すると、目的のアカウントがすぐに見つかります。

フォロワーを確認する

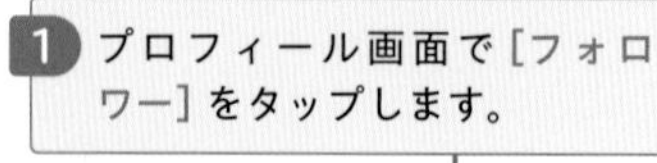

1 プロフィール画面で［フォロワー］をタップします。

2 自分のアカウントをフォローしているアカウントが表示されます。

3 フォローバックをしたいアカウントがある場合、目的のアカウントをタップします。

4 アカウントのプロフィール画面が表示されるので、［フォローバックする］をタップします。

5 フォローが完了します。

フォローを解除する

フォローを解除したいときは、［フォロー中］をタップし、［フォローをやめる］をタップします。相手が自分のアカウントをフォロー中の場合、「〇〇をフォロワーからも削除しますか？」と表示されるので、必要であれば［削除］→［削除］をタップします。なお、フォローの解除が相手に通知されることはありません。

watanabe_kumiko01
親しい友達リストに追加
お気に入りに追加
ミュート
制限する
フォローをやめる

第3章

写真を加工して投稿する

Section 28 写真をトリミングする

インスタグラムでは、写真の構図を調整するために写真を切り取ることできます。これをトリミングといいます。正方形へのトリミングや元のサイズのままでの拡大などが可能です。

写真を正方形に変更する

P.030手順1を参考に「新規投稿」画面で投稿したい写真をタップします。

1 画面左下のをタップします。

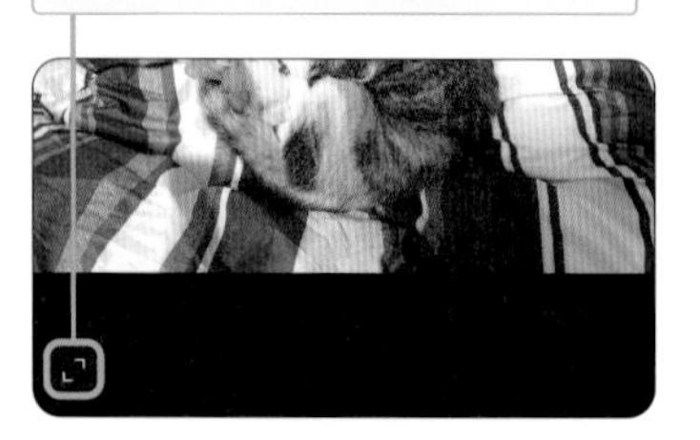

2 写真が正方形に変更されます。

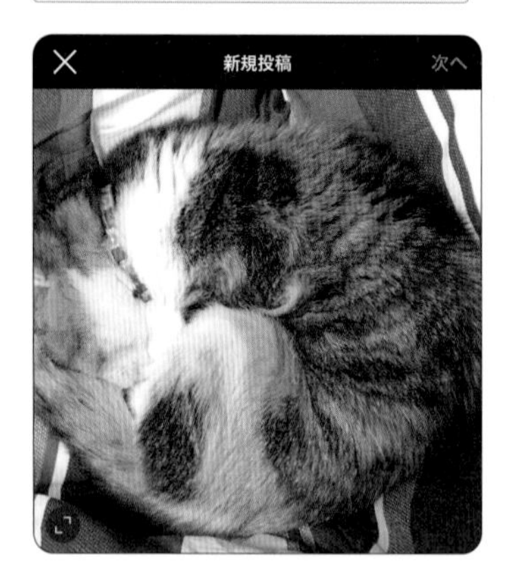

3 写真をドラッグしたりピンチアウト／ピンチインしたりして、写真の位置や範囲が決まったら、

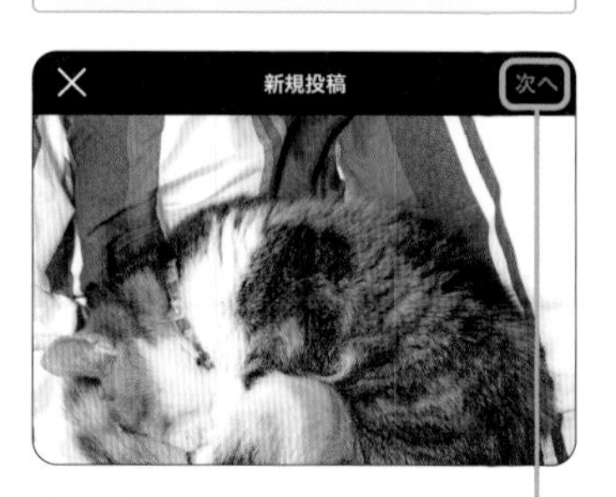

4 ［次へ］をタップします。

以降はP.029手順2からを参考に写真を投稿します。

Hint 写真を拡大する

手順1の画面で写真をピンチアウトすると、写真が拡大されます。投稿のサイズを変更せずに拡大したい場合は、P.065を参照してください。

投稿のサイズを変更せずに拡大する

P.030手順1～2を参考に投稿したい写真の選択を進めます。

1 [編集]をタップします。

2 [調整]をタップします。

3 写真をピンチアウトします。

4 投稿のサイズが変わらないまま拡大されます。

5 [完了]をタップします。

以降はP.029手順1からを参考に写真を投稿します。

#フィルター　#写真の雰囲気　#写真の印象

Section

29 写真にフィルターをかける

インスタグラムでは、バリエーション豊かなフィルターを利用できます。雰囲気に合うフィルターを写真ごとに試してみて、もっとも魅力が引き立つ仕上がりを見つけてみましょう。

フィルターの効果

インスタグラムには、写真の雰囲気を変えることができる多彩なフィルターが用意されています。フィルターは全35種類で、あたたかみがあるものやクールなもの、コントラストを引き立てるもの、ヴィンテージ感のあるものまでさまざまです。同じフィルターでも、写真によって印象が大きく変わります。最適なフィルターを選んで、より魅力的な写真に仕上げてみましょう。

Normal

Boost

Jaipur

Rio De Janeiro

Moon

Hefe

写真にフィルターをかける

P.030手順1〜2を参考に投稿したい写真の選択を進めます。

1 画面下部のフィルター一覧をスワイプします。

2 適用したいフィルターをタップすると、写真にフィルターがかかります。

3 フィルターの適用度を調整したい場合は、再度フィルターをタップします。

4 スライダーを左右にドラッグして適用度を調整したら、

5 ［完了］をタップします。

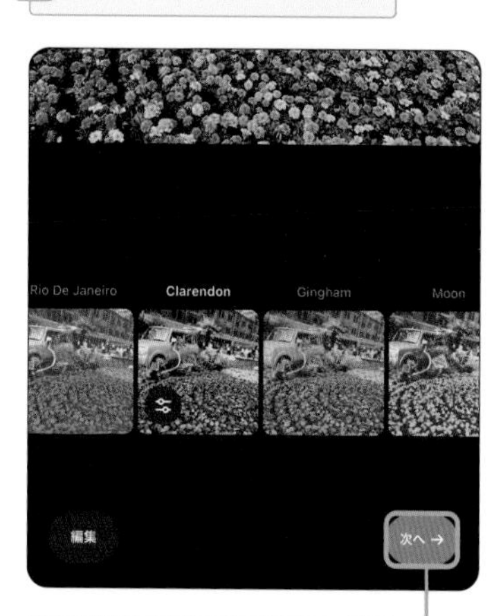

6 ［次へ］をタップします。

以降はP.029手順2からを参考に写真を投稿します。

Section 30 写真の傾きや奥行きを調整する

写真の傾きや歪みなどは、編集機能で簡単に調整できます。どちらも0.05°ずつ調整可能なため、写真を自然に補正したいときに便利です。

写真の傾きを調整する

P.030手順1〜2を参考に投稿したい写真の選択を進めます。

1 [編集]をタップします。

2 [調整]をタップします。

3 画面下部の目盛りをスライドすると、傾きが調整されます。

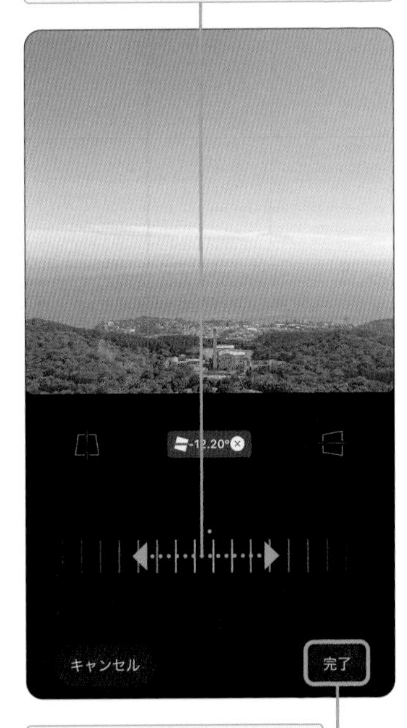

4 [完了]をタップします。

以降はP.029手順1からを参考に写真を投稿します。

写真の奥行きを調整する

縦方向の奥行き

1 P.068手順3の画面で をタップします。

2 画面下部の目盛りをスライドすると、縦方向の奥行きが調整されます。

目盛りを右方向にスライドすると被写体の上側の奥行きが浅くなります。目盛りを左方向にスライドすると被写体の下側の奥行きが浅くなります。

横方向の奥行き

1 P.068手順3の画面で をタップします。

2 画面下部の目盛りをスライドすると、横方向の奥行きが調整されます。

目盛りを右方向にスライドすると被写体の右側の奥行きが浅くなります。目盛りを左方向にスライドすると被写体の左側の奥行きが浅くなります。

Section 31

写真の明るさや色合いを調整する

暗い写真や印象が弱い写真は、編集機能で雰囲気を変えてみましょう。フィルターをかけなくても、明るさや色合いを調整するだけで写真のディテールが際立ちます。

写真の明るさを調整する

P.030手順1～2を参考に投稿したい写真の選択を進めます。

1 ［編集］をタップします。

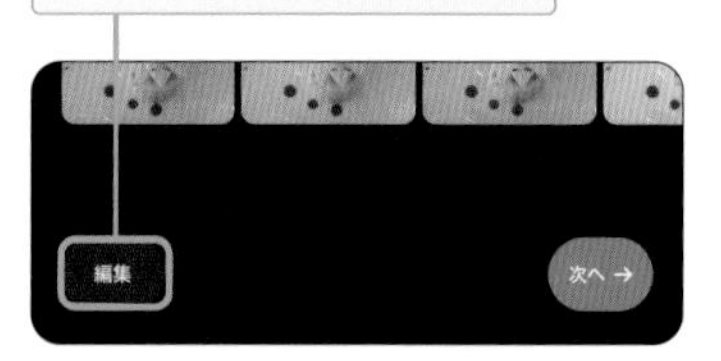

2 ［明るさ］をタップします。

3 スライダーを左右にドラッグして明るさを調整したら、

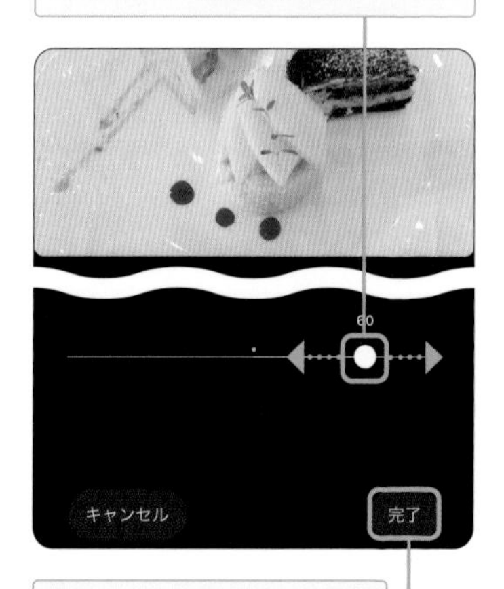

4 ［完了］をタップします。

以降はP.029手順1からを参考に写真を投稿します。

Memo 写真の照度を調整する

手順1で画面上部の をタップすると、写真の照度を調整できます。

写真の色合いを調整する

暖かさ

P.070手順2の画面で[暖かさ]をタップすると、あたたかみのある柔らかい色合いに調整できます。

彩度

P.070手順2の画面で[彩度]をタップすると、写真の鮮やかさを調整できます。

色（シャドウ）

P.070手順2の画面で[色]→[シャドウ]をタップし、任意の色を選択すると、写真の暗い部分の色合いを調整できます。

色（ハイライト）

P.070手順2の画面で[色]→[ハイライト]をタップし、任意の色を選択すると、写真の明るい部分の色合いを調整できます。

Section 32 写真全体を加工する

インスタグラムでは、P.070～P.071で紹介した以外にも多彩な編集機能があります。被写体によってさまざまな編集を試したり、適用度を調整したりしてみましょう。

写真全体を加工する

コントラスト

P.070手順2の画面で［コントラスト］をタップすると、明るい部分をより明るく、暗い部分をより暗く調整できます。

ストラクチャ

P.070手順2の画面で［ストラクチャ］をタップすると、写真の細部や質感を強調できます。

Memo ハイライトとシャドウ

P.070手順2の画面で［ハイライト］をタップすると写真の明るい部分の明るさを調整でき、［シャドウ］をタップすると写真の暗い部分の明るさを調整できます。「色」の中にある「ハイライト」と「シャドウ」は（P.071参照）、写真の明るい部分と暗い部分に色を付ける加工のため、写真に合わせて使い分けましょう。

フェード

P.070手順2の画面で［フェード］をタップすると、古い写真のような雰囲気に調整できます。

ティルトシフト

P.070手順2の画面で［ティルトシフト］をタップし、［円形］か［直線］をタップすると、被写体や背景をぼかせます。

ビネット

P.070手順2の画面で［ビネット］をタップすると、写真の縁を暗く調整できます。

シャープ

P.070手順2の画面で［シャープ］をタップすると、写真にシャープさを加えて質感を強調できます。「シャープ」は輪郭を際立たせたい写真への適用に効果的です。エッジや細部を鮮明にしたい写真には「ストラクチャ」を使用しましょう（P.072参照）。

#Layoutアプリ #コラージュ #レイアウト

Section 33

アプリを使って写真をコラージュする

「Layout-写真加工 画像編集 コラージュ」などのアプリを利用すると、複数の写真を組み合わせたコラージュを作成できます。同じジャンルの写真や1日の思い出の写真をまとめてみましょう。

1. アプリをインストールしてレイアウトを選択する

1 P.016～P.017を参考に、利用したいコラージュアプリ（ここではLayout-写真加工 画像編集 コラージュアプリ）をインストールします。

2 Layout-写真加工 画像編集 コラージュアプリを起動し、☒をタップしたら、画面の指示に従って操作を進めます。

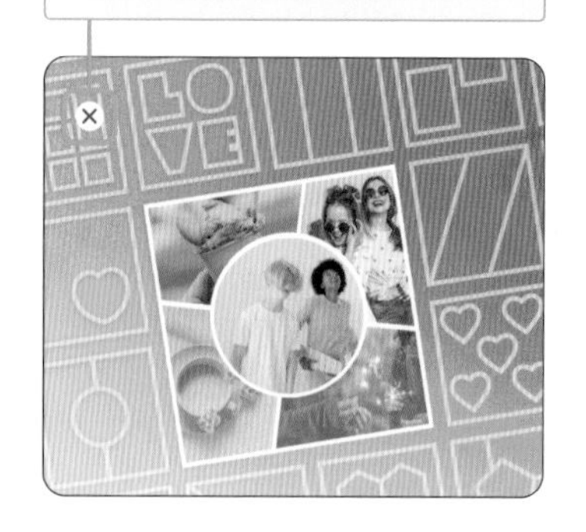

3 作成したいレイアウトをタップします。

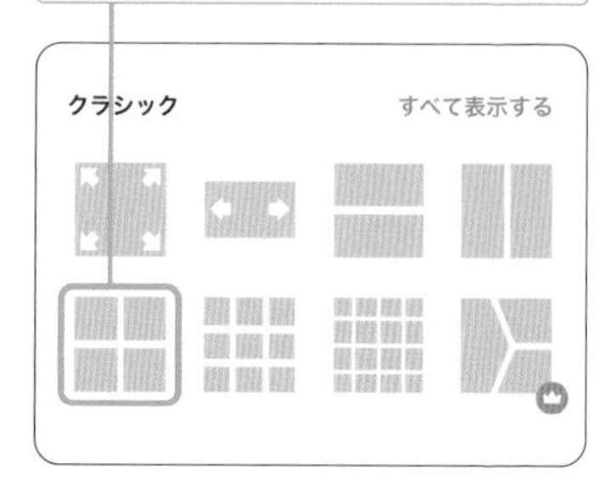

4 ⊕をタップします。

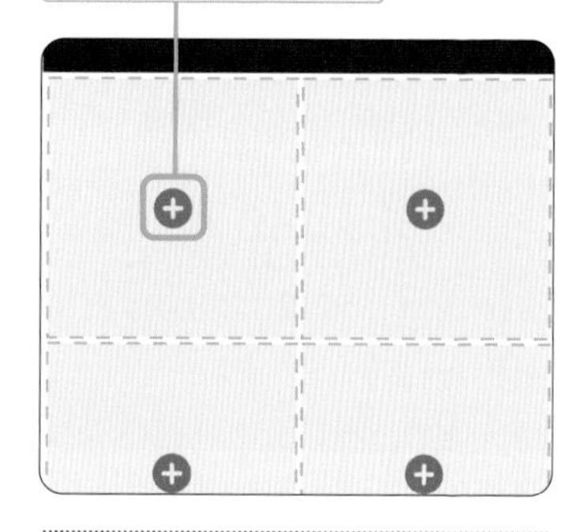

写真へのアクセスを求める画面が表示されたら、[フルアクセスを許可]をタップします。

2. 写真を選択して調整する

1 コラージュしたい写真をタップして選択し、

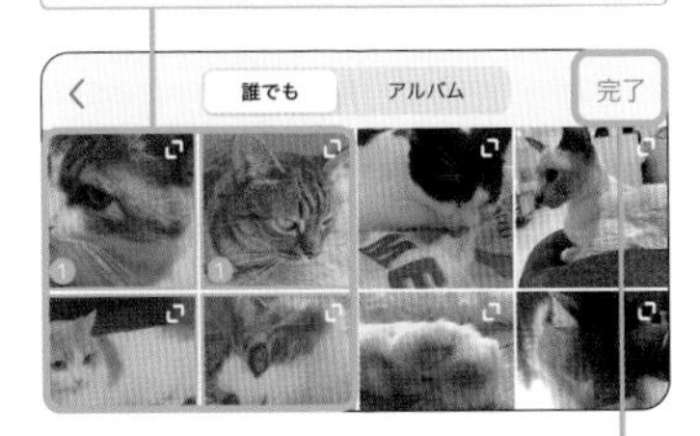

2 [完了] をタップします。

3 写真の位置を変更する場合は、任意の写真を長押しし、ドラッグして他の写真と入れ替えます。

4 写真の枠のサイズを変更する場合は、任意の写真をタップし、枠をドラッグして調整します。

5 写真そのものを拡大する場合は、任意の写真をタップし、ピンチアウトします。

6 写真にフレームを付ける場合は、[フレーム] をタップし、サイズを調整します。

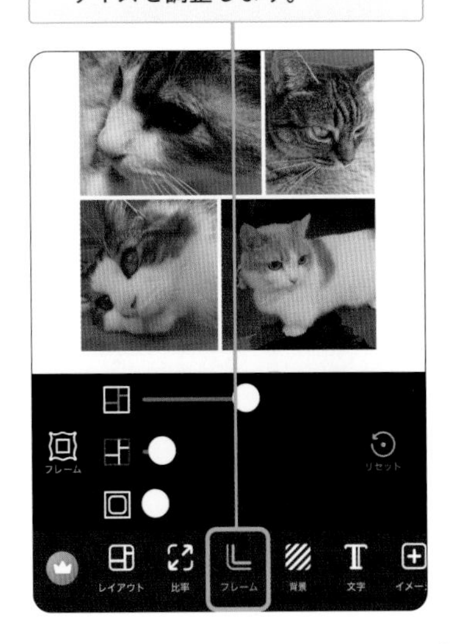

3. 写真を投稿する

1 調整が完了したら、[保存] をタップします。

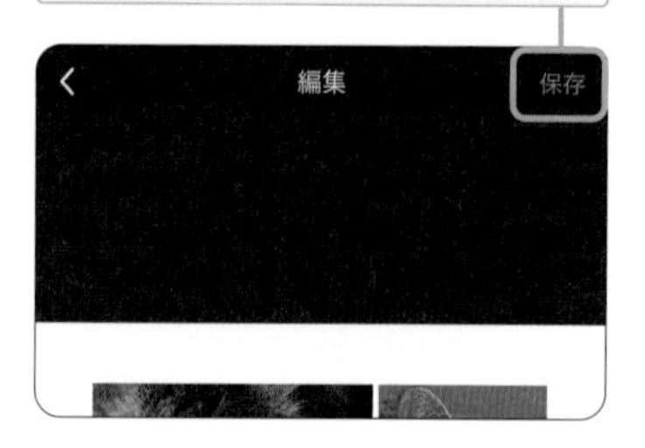

2 「これをシェアする」の◎をタップします。

3 任意の投稿先（ここでは [フィード]）をタップします。

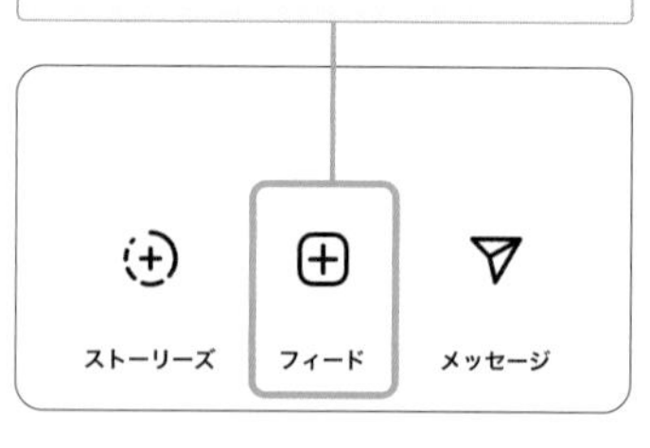

✉はメール、💬はメッセージ、⋯はその他のアプリで写真を共有できます。

4 必要に応じて調整を行ったら、

5 [次へ] をタップします。

以降はP.029手順1からを参考に写真を投稿します。

6 投稿が完了し、フィードに表示されます。

3章 写真を加工して投稿する

第4章

いろいろな動画を投稿する

#動画 #フィード #ストーリーズ #リール #ライブ

Section 34

インスタグラムで投稿できる動画の種類

インスタグラムで投稿できる動画には、「フィード」「ストーリーズ」「リール」「ライブ」があります。ここでは、各機能（投稿先）の特徴を説明します。

インスタグラムで投稿できる動画

インスタグラムで投稿できる動画とそれに伴う投稿先は、「フィード」「ストーリーズ」「リール」「ライブ」の4つがあります。それぞれの機能の特徴を確認し、動画の内容に合わせて投稿先を選びましょう。

フィードへは、写真と動画を複数、または動画を複数選択することで投稿できます（P.031参照）。動画1件をフィードに投稿しても自動的にリールになってしまうので注意しましょう。

ストーリーズは、投稿した写真や動画が24時間で自動的に削除される機能です（P.080～P.099参照）。

リールは、最大90秒のショート動画にエフェクトや音楽を追加して投稿できる機能です（P.100～P.121参照）。

ライブは、映像や音声を配信して、他のユーザーとリアルタイムでコミュニケーションを取れる機能です（P.122～P.132参照）。

これらの動画の投稿は、ホーム画面下部のメニューやプロフィール画面、各機能の投稿メニューから行えます。

作成する

リール

投稿

ストーリーズ

ストーリーズハイライト

ライブ

まとめ

インスタグラムの動画の投稿先

フィード

通常の投稿で写真と動画を複数、または動画を複数選択すると、フィードに動画を投稿できます。

ストーリーズ

フィードとは異なる場所に、24時間限定で表示される写真や動画を投稿できます。

リール

フィードの他、インスタグラムの動画のみをまとめた場所に動画を投稿できます。

ライブ

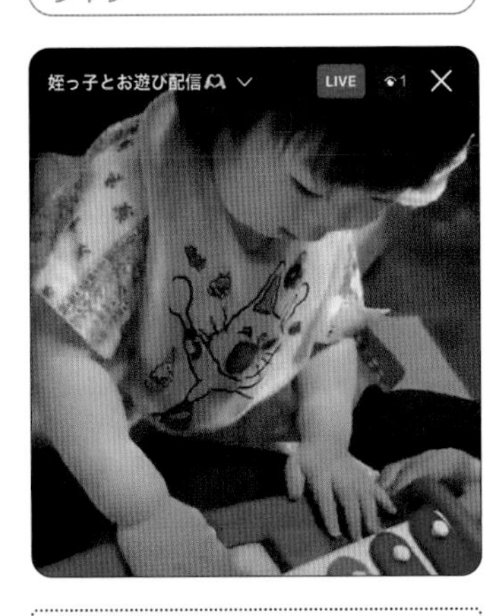

既存の動画の投稿ではなく、リアルタイムでカメラに映している映像や音声を配信できます。

Section 35 ストーリーズとは

ストーリーズは、24時間で自動削除されるコンテンツを投稿できる機能です。通常のフィード投稿よりも気軽に、何気ない日常や楽しい瞬間などを一時的に共有できます。

ストーリーズとは

ストーリーズとは、写真や動画を24時間限定でシェアできる機能です。24時間後に自動で削除されるため、瞬間的な出来事や一時的な情報の共有に適しています。通常のフィードへの投稿は、美しく綺麗なコンテンツが多い一方で、ストーリーズはよりカジュアルでリラックスした雰囲気で楽しまれています。
ストーリーズを閲覧したユーザーは、その投稿に対してリアクションやコメントを送信でき、それらの反応は投稿者のDMに表示されます。また、ストーリーズを閲覧したユーザーの情報も投稿者に表示されます（P.203参照）。
自動削除後のストーリーズは、投稿者だけが閲覧できるストーリーズアーカイブに保存されます。他のユーザーにもストーリーズを見てもらいたい場合は、プロフィールのストーリーズハイライトに追加しましょう（P.150～P.155参照）。

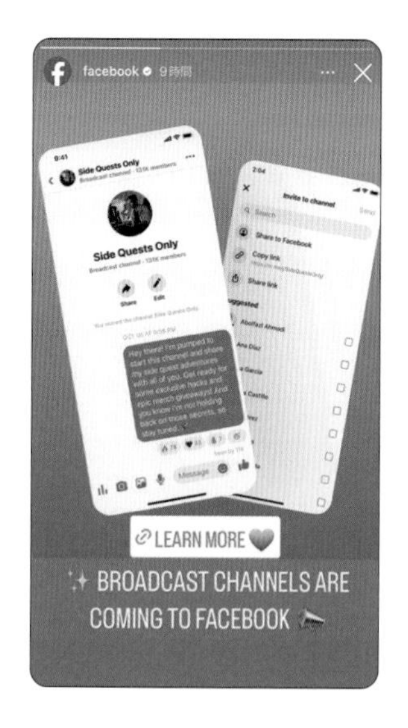

Section 36 動画を撮影して ストーリーズで投稿する

ストーリーズも通常の投稿と同様に、その場の出来事を撮影して投稿できます。60秒以下の動画は1つのクリップとして投稿され、それより長い動画は複数のクリップに分割されます。

1. 動画を撮影する

1 ホーム画面下部の⊞をタップします。

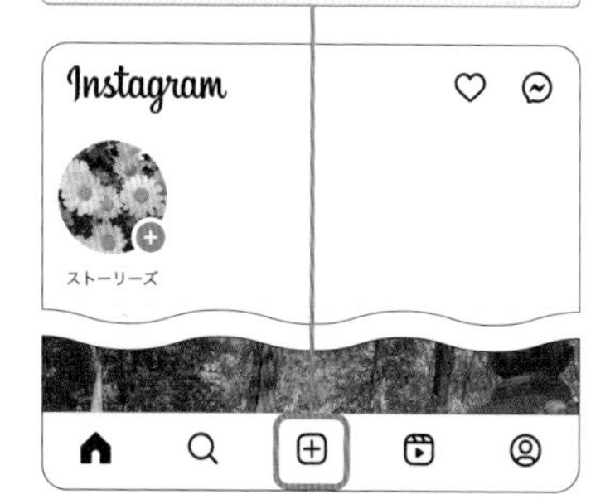

2 「新規投稿」画面下部の投稿先を［ストーリーズ］までスワイプします。

3 カメラが起動します。◯を長押しして動画を撮影します。

Memo インスタグラムのカメラメニュー

画面右下のをタップすると、インカメラとアウトカメラを切り替えられます。また、画面左の各メニューでは、インスタグラムのカメラ機能を利用して撮影できます。

2. 動画を調整する

1 動画の撮影が完了したら、指を離します。

2 撮影した動画が表示されたら、必要に応じて画面下部のタイムラインをスライドし、動画の長さを調整します。

動画の長さによってはこの画面は表示されず、手順4の画面に進みます。

3 動画を再生して問題がなければ、[完了]をタップします。

必要であればステッカーなどの加工（P.086～P.091参照）を行います。…→[保存]をタップすると、撮影・加工した動画をスマートフォンに保存できます。

4 →をタップします。

[ストーリーズ]をタップすると、すぐにストーリーズに投稿されます。

3. 動画を投稿する

1 [ストーリーズ] にチェックを付け、

2 [シェア] をタップします。

[親しい友達] をタップすると特定のユーザーのみにストーリーズを公開でき (P.092～P.093参照)、[メッセージ] をタップすると、DMで特定のユーザーに動画を送信できます。

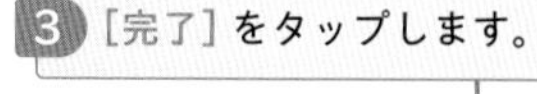

3 [完了] をタップします。

4 投稿が完了し、プロフィールアイコンが虹色に光ります。

Memo その他の投稿方法

ストーリーズは、ホーム画面上部やプロフィール画面にあるプロフィールアイコンの⊕をタップするか、プロフィール画面の⊞→ [ストーリーズ] をタップすることでも投稿できます。

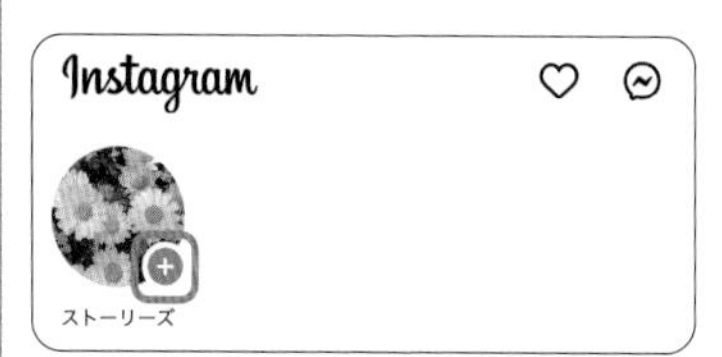

リール
投稿
ストーリーズ

Section
37 撮影した写真をストーリーズで投稿する

ストーリーズには動画だけでなく、写真も投稿できます。共有したい日常の瞬間を素早く写真に収めて、フォロワーにリアルタイムで発信しましょう。

撮影した写真をストーリーズで投稿する

P.081手順1～2を参考に「新規投稿」画面で［ストーリーズ］までスワイプし、カメラを起動します。

1 ◯をタップして写真を撮影します。

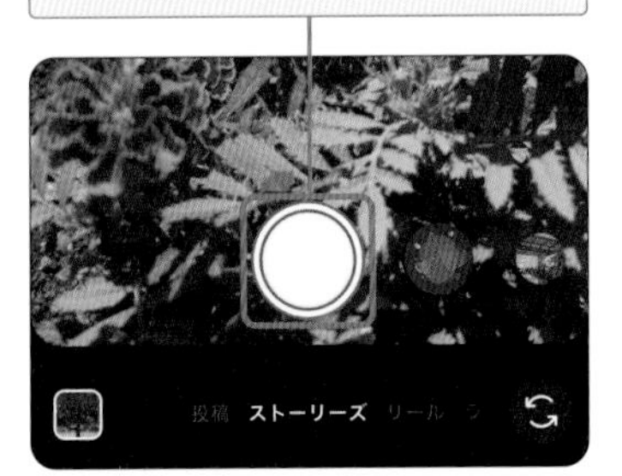

2 →をタップします。

3 ［ストーリーズ］にチェックを付け、

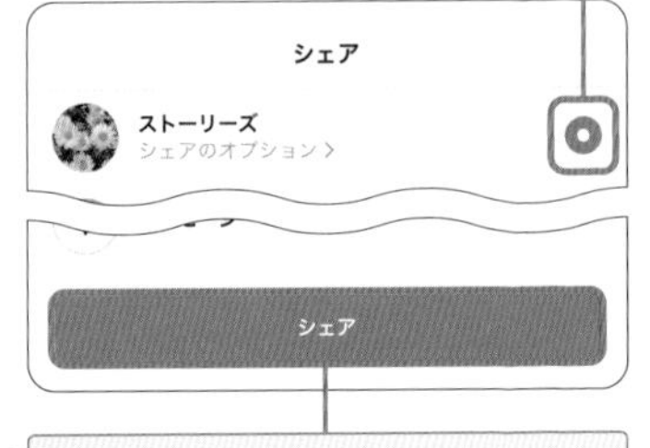

4 ［シェア］→［完了］をタップすると、投稿が完了します。

Hint
その他の撮影方法

ストーリーズのアイコンやプロフィール画面からストーリーズの投稿画面を起動した場合は、［カメラ］をタップして動画や写真を撮影します。

Section
38 スマートフォンにある動画をストーリーズで投稿する

スマートフォンに保存されている写真や動画の投稿も可能です。過去の特別な思い出やお気に入りのカメラアプリで撮影した写真や動画を投稿してみましょう。

スマートフォンにある動画をストーリーズで投稿する

P.081手順1～2を参考に「新規投稿」画面で［ストーリーズ］までスワイプします。

1 画面左下に表示されるサムネイルをタップします。

2 投稿したい動画のサムネイルをタップします。

動画はサムネイルの右下に時間が表示されています。［最近］をタップすると、スマートフォン内のアルバム（フォルダ）を選択して動画を表示できます。

必要であればP.082手順2～3を参考に動画の調整を行います。

3 →をタップします。

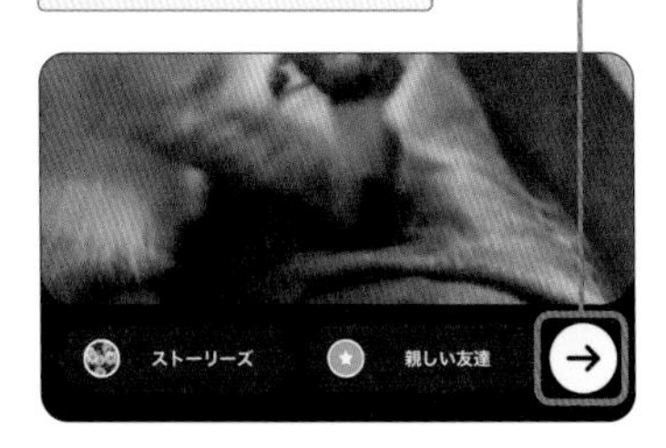

4 ［ストーリーズ］にチェックを付け、

5 ［シェア］→［完了］をタップすると、投稿が完了します。

Section 39 ステッカーを付ける

ストーリーズの加工機能の中には、多種多様な「ステッカー」があります。シンプルな写真や動画もステッカーで自由にカスタマイズし、ストーリーズを盛り上げましょう。

ステッカーとは

ストーリーズはさまざまな加工やカスタマイズが可能で、その中の1つに「ステッカー」という機能があります。
基本的なものでは、現在地や写真の位置情報を追加できる「場所」、他のユーザーを写真や動画に紐付けできる「メンション」、キーワードを設定できる「ハッシュタグ」など、通常の投稿で使える機能のステッカーが用意されています。さらに、ユーザーからの回答を募る「質問」や「アンケート」といったユーザー参加型のステッカー、任意のURLを設定できる「リンク」やカウントダウン日時を設定できる「カウントダウン」といった情報発信をサポートするステッカーもあります。
デフォルトで表示されるステッカーの他、人気のステッカーを検索して利用することも可能です。多彩なステッカーを活用して、ストーリーズを個性的にアレンジしましょう。

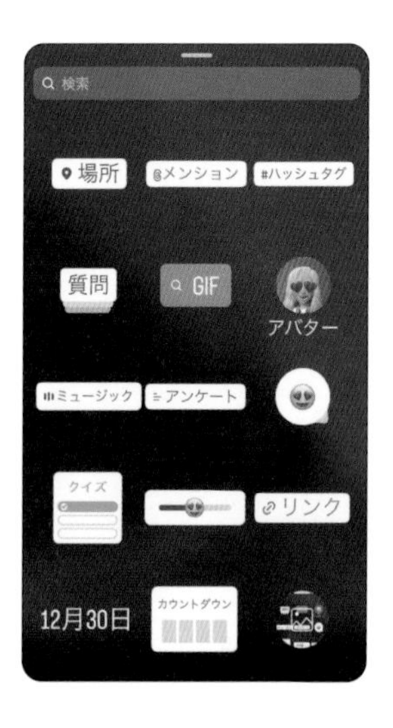

ステッカーを付ける

P.081手順1～P.082手順3を参考に操作を進めます。

1 をタップします。

2 付けたいステッカー（ここでは[#ハッシュタグ]）をタップします。

3 表示されたステッカーをタップしてハッシュタグを入力し、

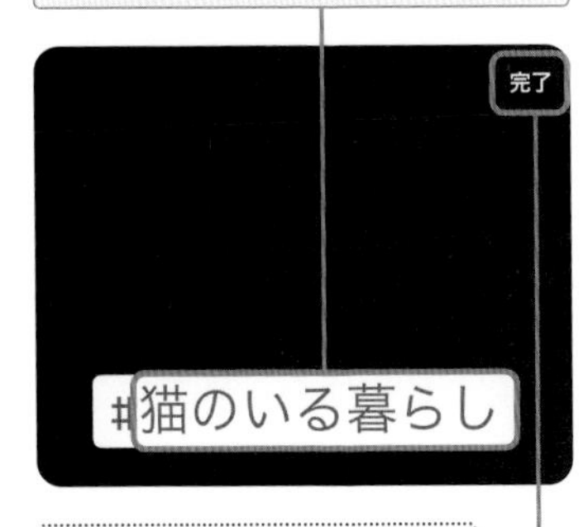

設定したいキーワードが候補に表示されている場合はタップします。

4 [完了]をタップします。

5 ステッカーをタップして色を変更したり、ドラッグして位置を変更したり、ピンチイン／ピンチアウトして大きさを変更したりしたら、

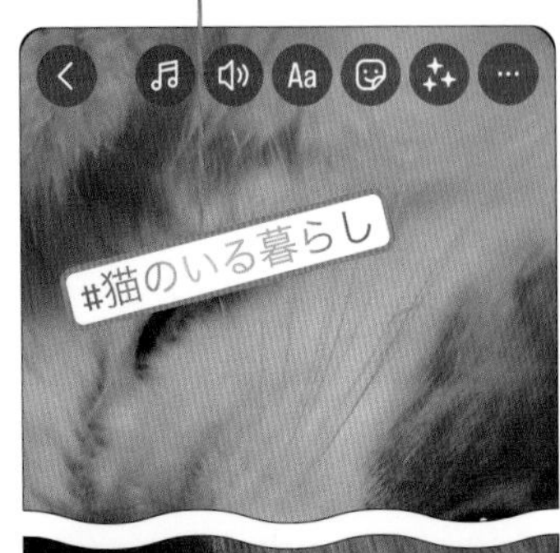

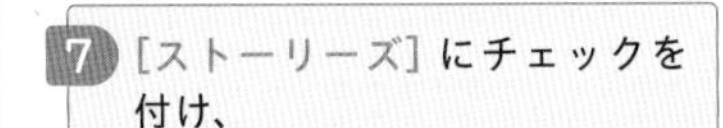

6 をタップします。

7 [ストーリーズ]にチェックを付け、

8 [シェア]→[完了]をタップすると、投稿が完了します。

4章 いろいろな動画を投稿する

Section 40 アンケートを取る

ストーリーズのユーザー参加型ステッカーの中には、アンケートを実施できる機能もあります。自由に質問と回答の作成が可能で、他のユーザーの意見を統計的に把握できます。

アンケートを追加する

P.081手順1～P.082手順3を参考に操作を進めます。

1 をタップします。

2 [アンケート]をタップします。

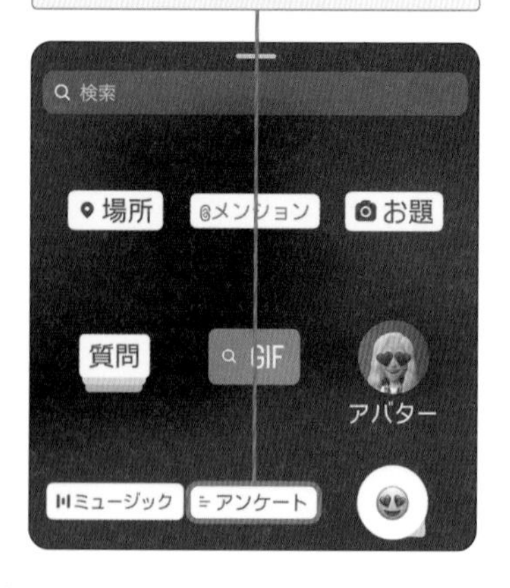

3 質問内容と選択肢を入力します。

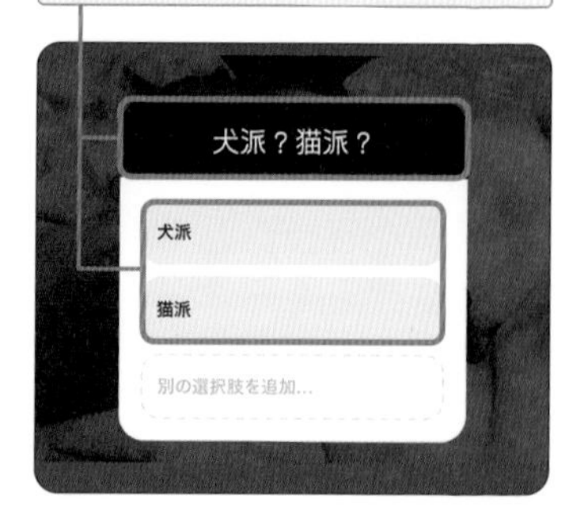

4 をタップして任意の色に変更し、

5 [完了]をタップします。

6 ステッカーをドラッグして位置を変更したり、ピンチイン／ピンチアウトして大きさを変更したりしたら、

7 ⇒をタップします。

8 ［ストーリーズ］にチェックを付け、

9 ［シェア］→［完了］をタップすると、投稿が完了します。

アンケート結果を確認する

1 P.094を参考に投稿したストーリーズを表示し、［アクティビティ］をタップします。

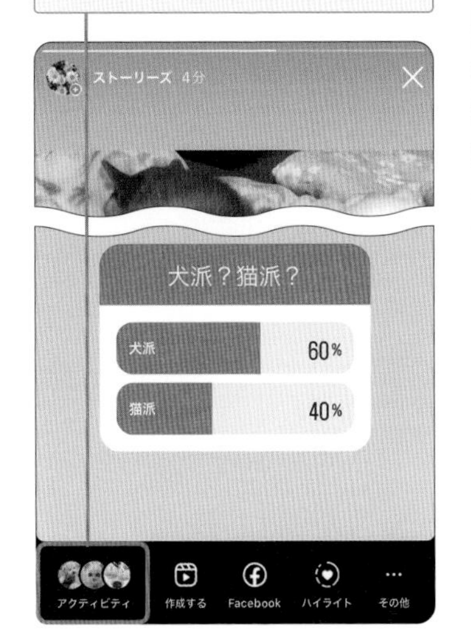

2 結果や投票者が表示されます。

［結果をシェア］をタップすると、結果をストーリーズに投稿できます。

Section 41 文字を追加する

ストーリーズでは、動画や写真に文字を追加することができます。動画や写真に関するエピソードやコメント、当時または今の気持ちなどを、文字と一緒に伝えましょう。

文字を追加する

P.081手順1～P.082手順3を参考に操作を進めます。

1 Aaをタップします。

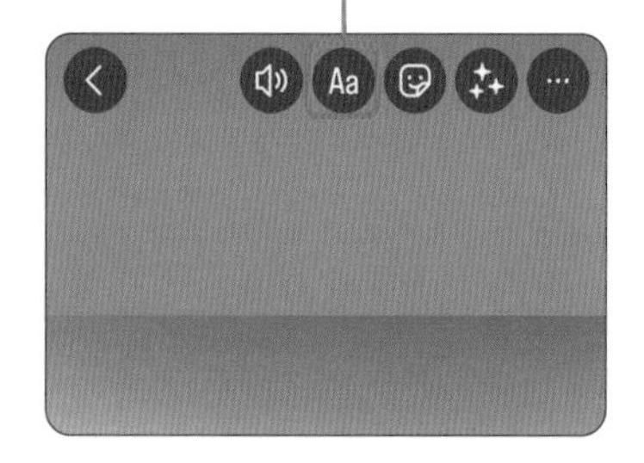

2 追加したい文字を入力します。

3 画面下部の［Aa］をタップすると、フォントが変更されます。

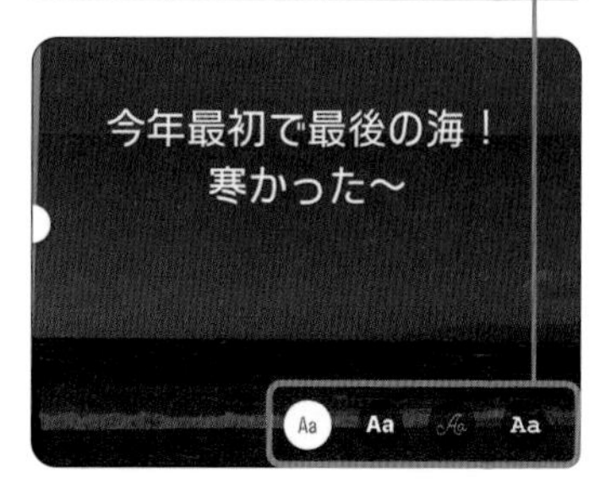

4 画面左のスライダーを上下にドラッグすると、文字の大きさが変更されます。

5 画面上部の◎をタップし、任意の色をタップすると、文字の色が変更されます。

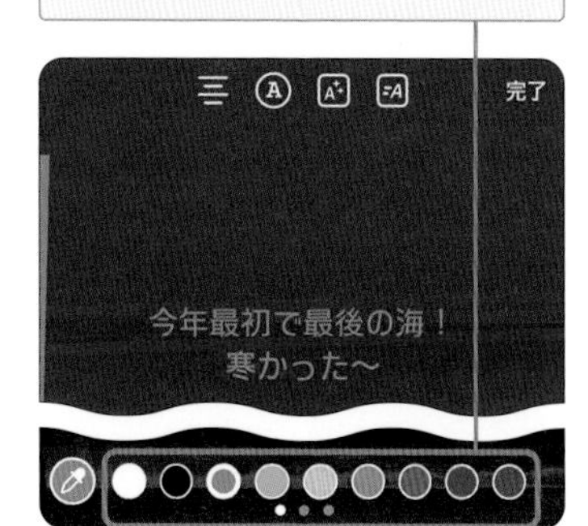

6 画面上部の▣をタップすると、文字のスタイルを変更できます。

タップするたびに別のスタイルに変更されます。また、☰は配置を変更でき、▣はアニメーションを適用できます。

7 問題がなければ［完了］をタップします。

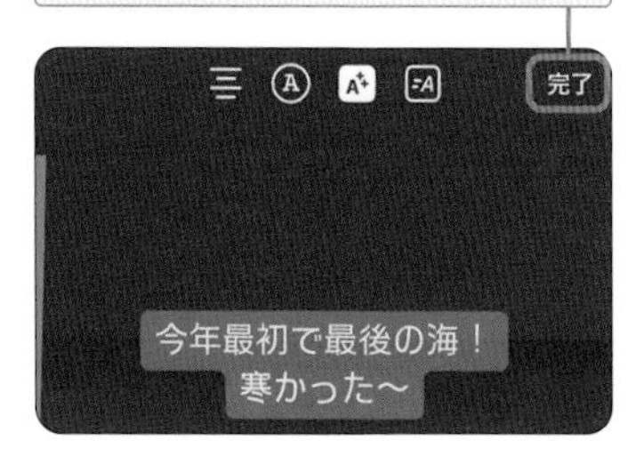

8 文字をドラッグして位置を変更したら、

9 ⊖をタップします。

10 ［ストーリーズ］にチェックを付け、

11 ［シェア］→［完了］をタップすると、投稿が完了します。

4章 いろいろな動画を投稿する

#ストーリーズ　#限定公開　#親しい友達

Section 42 投稿を限定公開する

ストーリーズを一部のユーザーに限定公開したいときは、「親しい友達」を設定しましょう。一度設定した「親しい友達」は次回の投稿時にも適用されますが、都度ユーザーの変更も可能です。

1. 親しい友達にユーザーを追加する

P.081手順1～P.082手順3を参考に投稿したい動画や写真の調整まで進めます。

1 →をタップします。

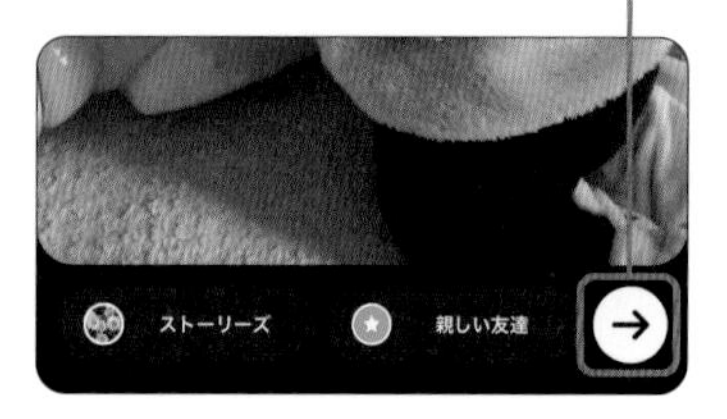

「親しい友達」がすでに設定されている場合、[親しい友達]をタップすると、すぐにストーリーズに投稿されます。

2 「親しい友達」の[ユーザーを追加]をタップします。

3 [検索]をタップします。

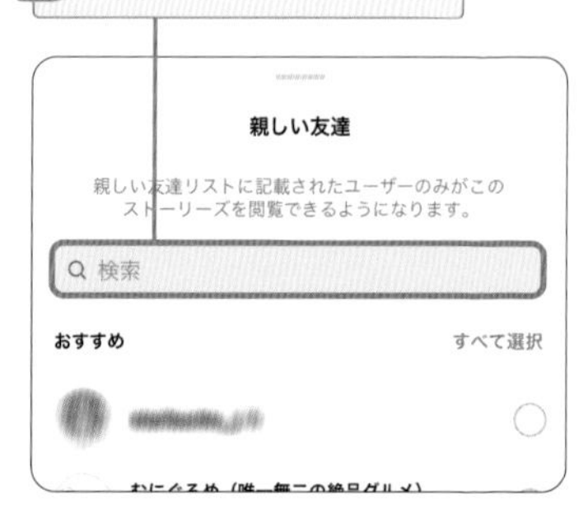

4 親しい友達に追加したいユーザーのアカウント名やユーザーネームを入力し、

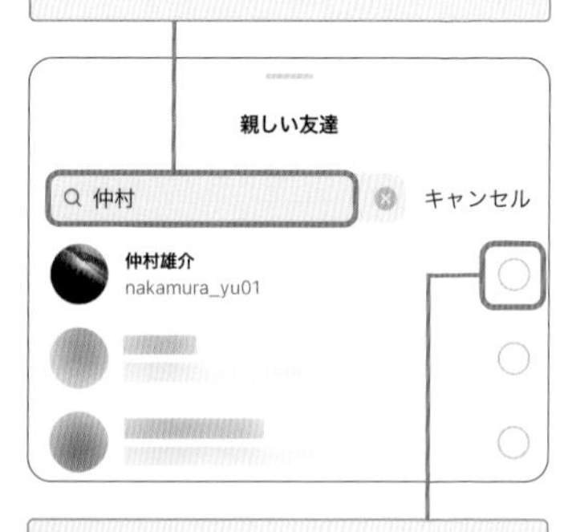

5 該当するアカウントにチェックを付けます。

2. 投稿を親しい友達に公開する

「親しい友達」にユーザーを追加する場合、P.092手順3～4の操作を繰り返します。

1 [シェア（○件）]をタップします。

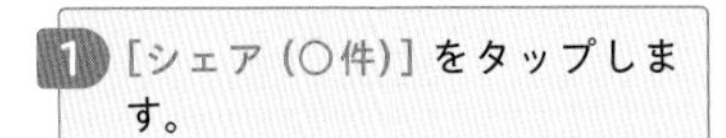

2 [完了]をタップします。

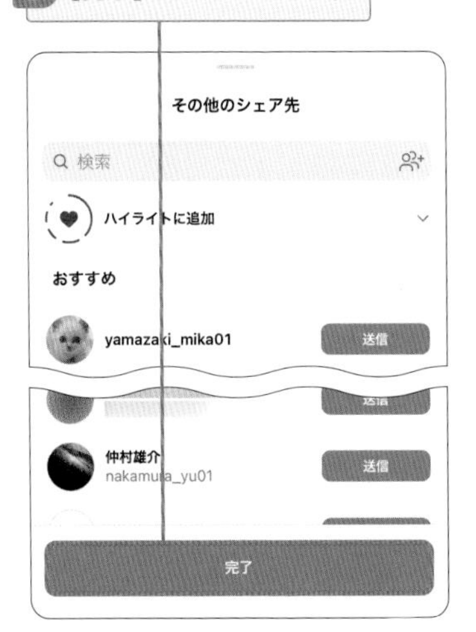

3 投稿が完了し、プロフィールアイコンが緑色に光ります。

Check 親しい友達を編集する

プロフィール画面で☰→[親しい友達]をタップすると、P.092手順3と同様の画面が表示され、親しい友達を追加したり削除したりできます。

Section
43 投稿したストーリーズを確認する

投稿したストーリーズは、自身のプロフィールアイコンをタップして閲覧できます。複数の投稿がある場合は自動で次の投稿が表示されますが、タップ操作で素早く表示することも可能です。

投稿したストーリーズを確認する

1 ホーム画面またはプロフィール画面で自分のプロフィールアイコンをタップします。

2 ストーリーズが表示されます。

複数の投稿がある場合、画面右をタップするとすぐに次のストーリーズが表示されます。

3 自動的に次のストーリーズが表示されます。

画面左をタップすると、前のストーリーズを再表示できます。

4 「親しい友達」に公開したストーリーズは、画面右上に★が表示されます。

Section 44 コメントを確認する

ストーリーズに付いたコメントはDMに表示され、他のユーザーに公開されることはありません。コメントに返信したりリアクションを送信したりする場合は、P.059を参照してください。

コメントを確認する

1 ストーリーズにコメントが付くとホーム画面右上の◎にバッジが表示されるので、タップします。

2 目的のメッセージをタップします。

3 コメントを確認できます。

4 コメントが付いた投稿を確認する場合は、サムネイルをタップします。

5 対象の投稿が表示されます。

#ストーリーズ　#投稿の削除　#削除した投稿の復元

Section 45

投稿したストーリーズを削除する

ストーリーズは投稿から24時間後に自動で削除されますが、その前に手動で削除することもできます。一度削除したストーリーズは、投稿から24時間以内であれば復元が可能です。

投稿したストーリーズを削除する

P.094を参考に削除したいストーリーズを表示します。

1 画面右下の［その他］をタップします。

2 ［削除］をタップします。

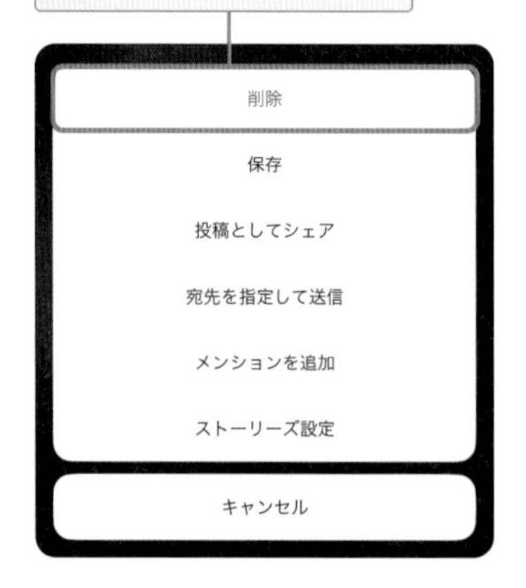

3 ［削除］をタップすると、ストーリーズが削除されます。

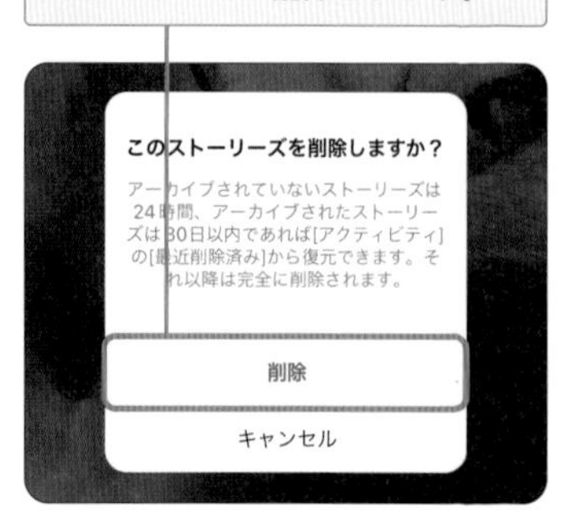

Check ストーリーズを保存する

投稿したストーリーズを削除する前に保存したい場合は、手順2の画面で［保存］をタップします。「動画を保存」と「ストーリーズを保存」の違いについては、P.196を参照してください。

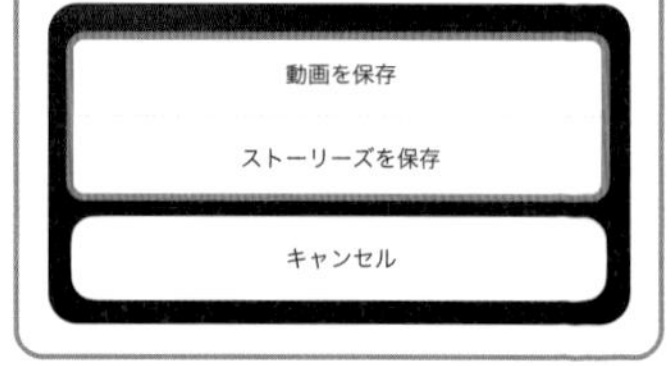

削除したストーリーズを復元する

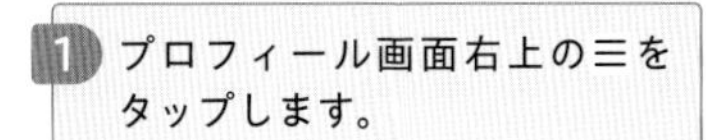

1 プロフィール画面右上の三をタップします。

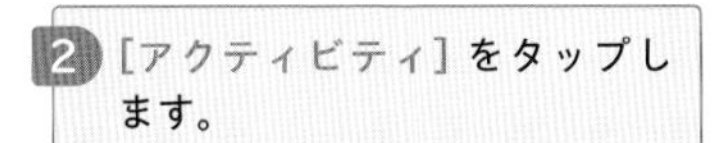

2 ［アクティビティ］をタップします。

3 ［最近削除済み］をタップします。

4 ◌をタップし、

5 復元したい投稿をタップします。

6 ［その他］をタップし、

7 ［復元する］をタップします。

［削除］→［削除］の順にタップすると、投稿が完全に削除されます。

8 ［復元する］をタップすると、投稿が復元されます。

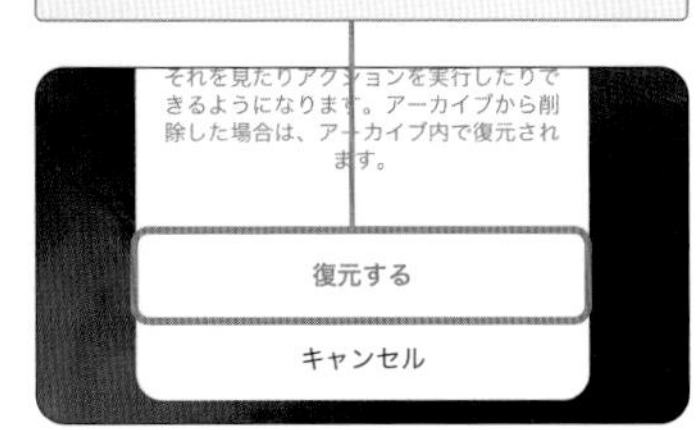

Section 46 ストーリーズを見る

他のユーザーが投稿したストーリーズは、ホーム画面や相手のプロフィール画面のプロフィールアイコンから閲覧できます。タップやスワイプの操作でストーリーズを切り替えられます。

ストーリーズを見る

1 ホーム画面上部からストーリーズを見たいユーザーのアイコンをタップします。

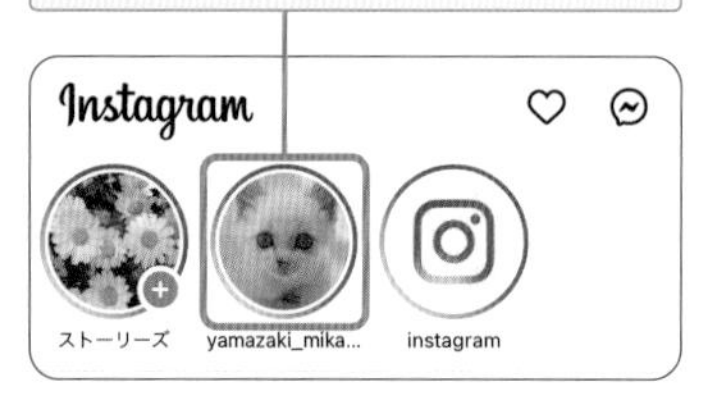

2 ストーリーズが表示されます。

複数の投稿がある場合、画面右をタップするとすぐに次のストーリーズが表示されます。

3 次のストーリーズが表示されます。

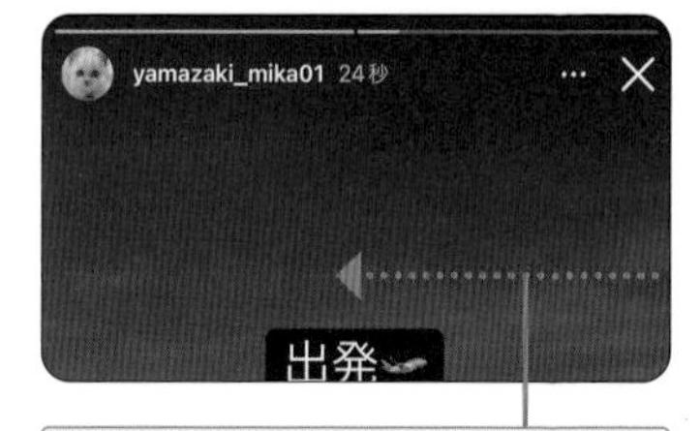

4 別のユーザーのストーリーズを見る場合は、画面を左方向にスワイプします。

5 次のユーザーのストーリーズが表示されます。

プロフィール画面から閲覧している場合、そのユーザーのストーリーズのみ表示されます。

Section 47 コメントを送る

通常の投稿と同じように、他のユーザーのストーリーズにもコメントを送ることができます。コメントは相手のDMに送信されるため、他のユーザーにコメントが公開されることはありません。

コメントを送る

P.098を参考にコメントを送信したいストーリーズを表示します。

1 [メッセージを送信]をタップします。

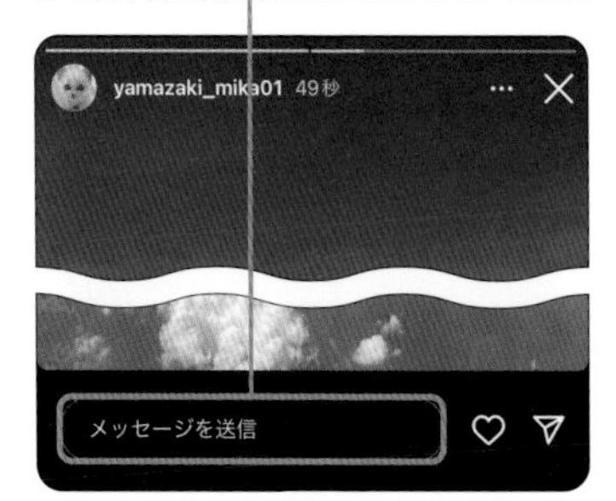

2 コメントを入力し、

3 [送信]をタップします。

4 コメントが送信されます。

5 送信したコメントはDMから確認できます（P.059参照）。

手順1の画面で♡をタップすると、「いいね！」が付きます。

#リール　#ショート動画

Section

48 リールとは

リールとは、最大90秒の動画を投稿・閲覧できる機能です。編集機能も充実しており、クリエイティブな動画投稿を気軽に楽しめ、多くのユーザーに閲覧してもらうことができます。

リールとは

リールとは、インスタグラムオリジナルのショート動画を撮影・編集・投稿・閲覧ができる機能です。世界中のユーザーが短い時間でエンターテインメント性の高い動画を投稿しており、インスタグラムの中でも特に人気のコンテンツとなっています。
リールは、ストーリーズとは異なるさまざまな機能を利用して動画を撮影できる他、用意されているテンプレートやおすすめのリールに写真や動画を取り込んで投稿することもできます。
また、投稿したリールはホーム画面のフィードだけでなくリール画面（P.026、P.118参照）にもランダムに表示されるため、フォローやフォロワーに関係なく多くのユーザーの目に留まりやすいのも特徴です。

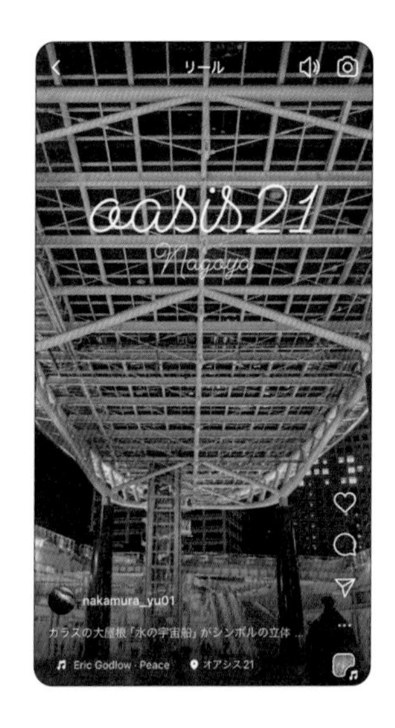

Section 49 動画を撮影してリールで投稿する

素晴らしい景色やおもしろい瞬間も、その場で動画を撮影してリールに投稿することができます。また、リールのカメラには多彩なメニューも搭載されています（P.114～P.117参照）。

1. 動画を撮影する

1 画面下部の⊞をタップします。

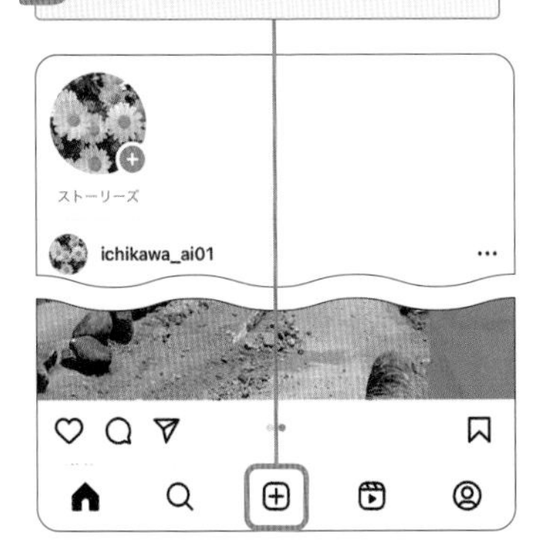

2 「新規投稿」画面下部の投稿先を［リール］までスワイプします。

3 ［カメラ］をタップします。

手順1の画面で⊡をタップし、リール画面の◎をタップすることでも、リールのカメラを起動できます。

4 カメラが起動します。◯をタップして動画を撮影します。

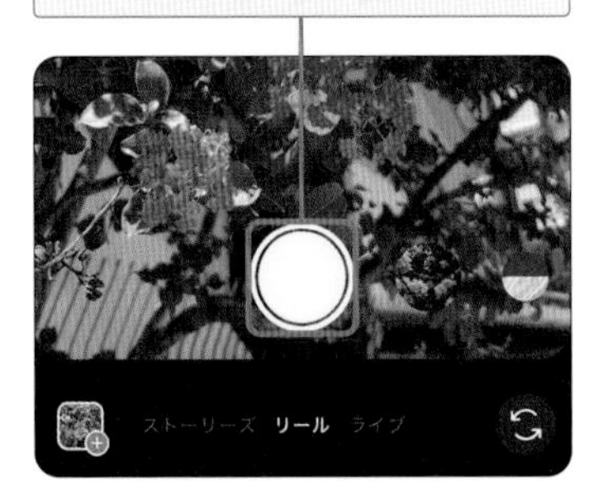

5 ■をタップすると、動画の撮影が完了します。

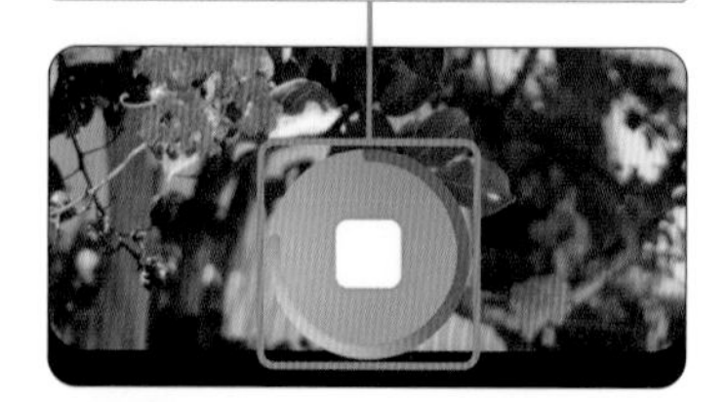

6 ［次へ］をタップします。

再度◎をタップして動画を撮影することも可能で、複数のクリップが1つのリールにまとめられます。

必要であれば音楽やエフェクトなどの加工（P.106～P.113参照）を行います。⬇をタップすると、撮影・加工した動画をスマートフォンに保存できます。

7 動画を再生して問題がなければ、［次へ］をタップします。

2. 動画を投稿する

1 ［カバーを編集］をタップします。

2 画面下部のタイムラインをスライドしてカバー（サムネイル）にしたいシーンを決めたら、

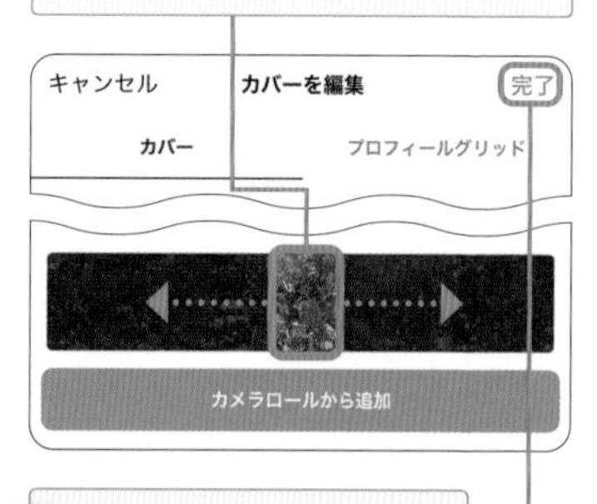

3 ［完了］をタップします。

4 [キャプションを入力…] をタップします。

5 キャプションを入力し、

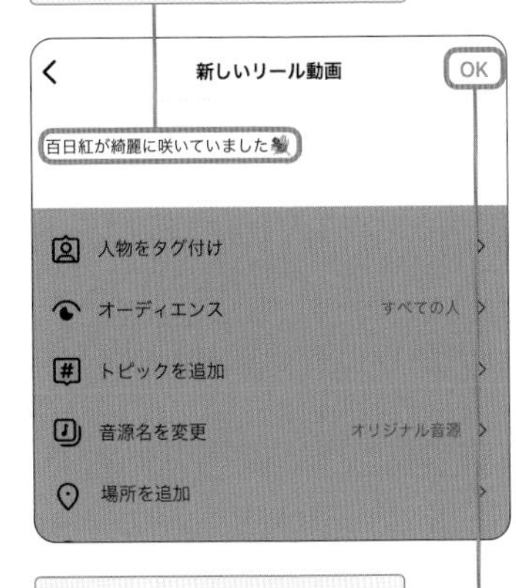

6 [OK] をタップします。

通常の投稿と同様に、必要であればその他の設定 (P.034～P.037参照) を行います。

7 [シェア] をタップします。

8 投稿が完了し、フィードに表示されます。

🔇をタップすると、音声が再生されます。

カバーの編集メニュー

P.102手順2の画面で [プロフィールグリッド] をタップすると、プロフィール画面の投稿一覧で表示されるサムネイルの範囲を設定できます。[カメラロールから追加] をタップすると、スマートフォンに保存されている画像からカバーを選択できます。

4章 いろいろな動画を投稿する

Section 50

スマートフォンにある写真や動画を投稿する

その場で撮影した動画だけでなく、思い出の写真や動画もリールとして投稿できます。なお、写真（静止画）のみをリールとして投稿する場合、自動で動画に変換されます。

スマートフォンにある写真をリールで投稿する

P.101手順1～2を参考に「新規投稿」画面で［リール］までスワイプします。

1 投稿したい写真をタップし、

2 ［次へ］をタップします。

3 ［次へ］をタップします。

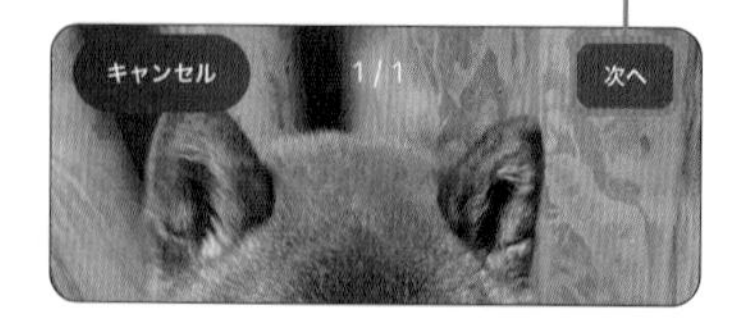

4 動画を再生して問題がなければ、［次へ］をタップします。

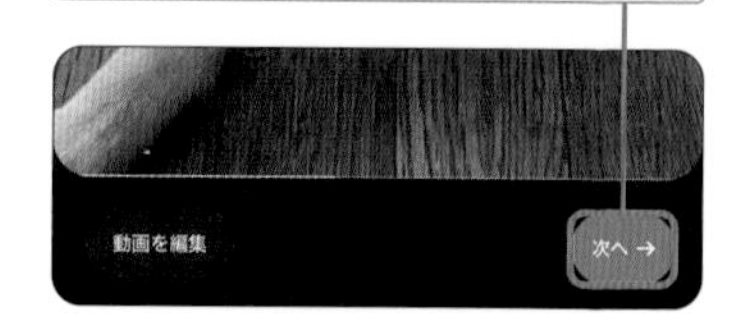

P.102手順1～P.103手順6を参考に操作を進めます。

5 ［シェア］をタップすると、投稿が完了します。

スマートフォンにある動画をリールで投稿する

P.101手順1～2を参考に「新規投稿」画面で［リール］までスワイプします。

1 投稿したい動画をタップし、

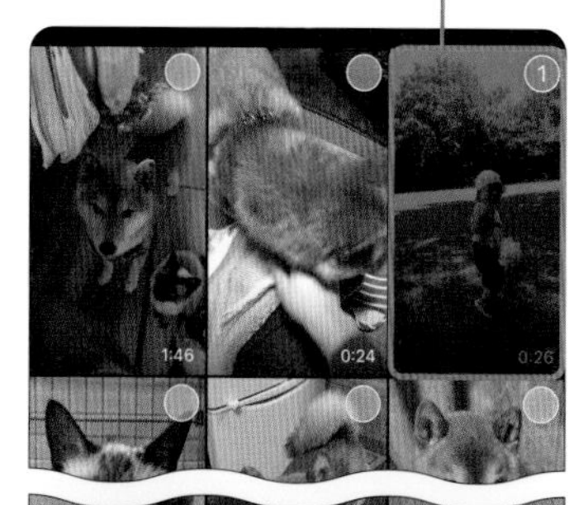

2 ［次へ］をタップします。

3 ［次へ］をタップします。

4 動画を再生して問題がなければ、［次へ］をタップします。

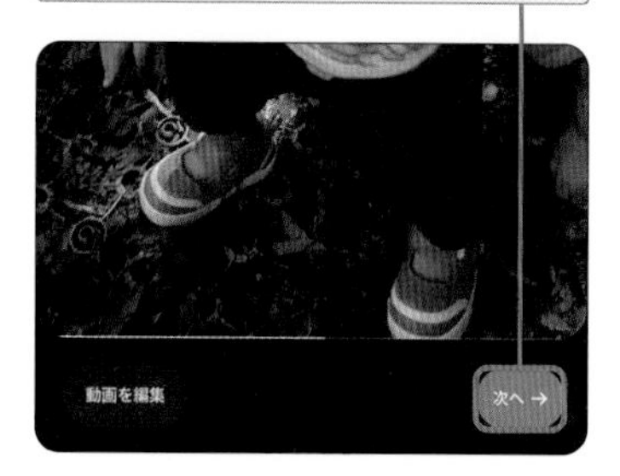

P.102手順1～P.103手順6を参考に操作を進めます。

5 ［シェア］をタップすると、投稿が完了します。

Hint **写真や動画を複数選択する**

1つのリールに複数の写真や動画を投稿したい場合は、手順1の画面で投稿したい写真や動画を続けてタップして選択し、［次へ］をタップします。

Section 51 音楽を付ける

フィード投稿と同じように（P.038～P.039参照）、リールにも音楽を組み込むことができます。お気に入りの曲やBGMを追加して、楽しい雰囲気のリールを作成しましょう。

1. 音楽を選択する

P.101手順1～2を参考に「新規投稿」画面で［リール］までスワイプし、投稿したい動画を選択します。

1 ［次へ］をタップします。

2 ♫をタップします。

3 追加したい音楽の▶をタップします。

4 音楽が再生されます。

5 追加したい音楽をタップします。

2. 音楽を調整して投稿する

1 画面下部のタイムラインを左右にスライドし、音楽を聴きながら使いたい部分を探します。

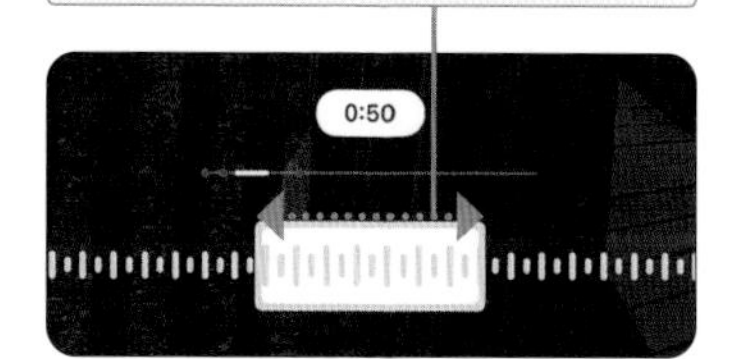

タイムライン上部の点は、サビなどのメイン部分です。その位置までタイムラインをスライドするとボックスが光ります。

2 音楽を再生して確認し、

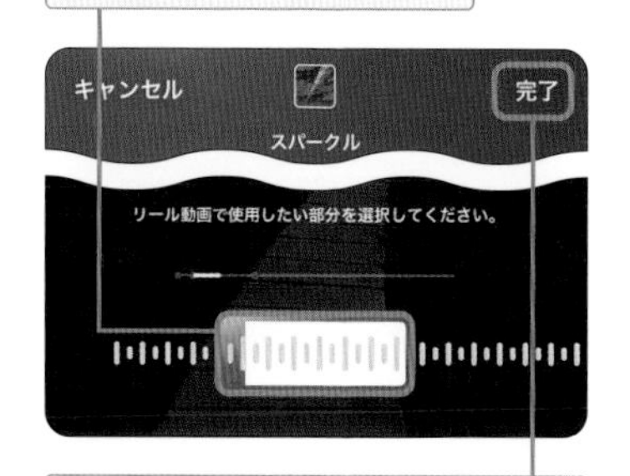

3 問題がなければ［完了］をタップします。

4 ［次へ］をタップします。

P.102手順1～P.103手順6を参考に操作を進めます。

5 ［シェア］をタップすると、投稿が完了します。

動画選択後の画面で音楽を追加する

P.106手順1の画面で♫を、またはP.106手順2の画面で［動画を編集］→［音源を追加］の順にタップすることでも、音楽を追加できます。追加したい音楽が決まっている場合は、P.106手順3の画面で［ミュージックを検索］をタップしてタイトルやアーティスト名を検索しましょう。また、［管理］をタップすると音量調整、［エンハンス］をタップするとノイズ除去が行え、動画の音声のクオリティをアップさせることができます。

#リール　#エフェクト　#フィルター

Section 52

エフェクトや フィルターを追加する

動きのある効果を適用できるエフェクトや写真全体の雰囲気を変えるフィルターを使用すると、動画を華やかに仕上げることができます。エフェクトは撮影時の適用も可能です（P.114参照）。

エフェクトを追加する

P.101手順1～2を参考に「新規投稿」画面で［リール］までスワイプし、投稿したい動画を選択します。

1 ［次へ］をタップします。

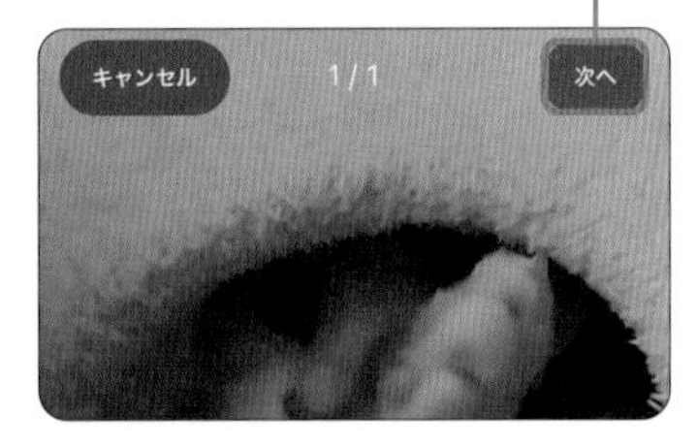

2 ✦をタップします。

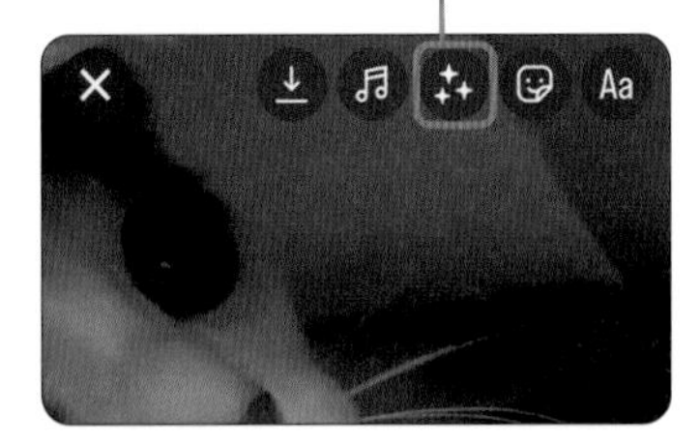

P.101手順4の画面で✦をタップすると、撮影時にエフェクトを適用できます（P.114参照）。

3 追加したいフィルターをタップし、

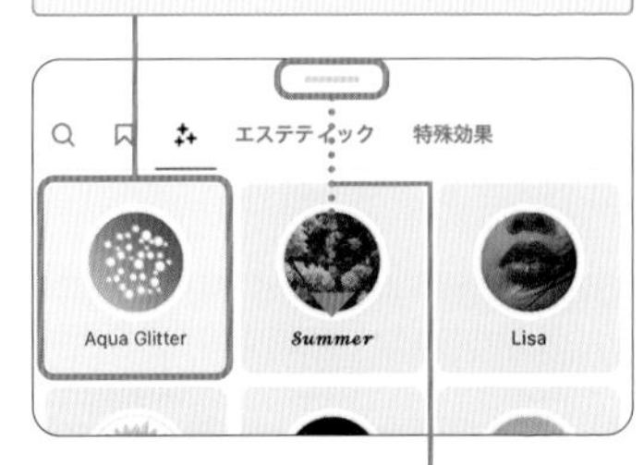

4 画面を下方向にスワイプします。

5 動画を再生して問題がなければ、［次へ］をタップします。

以降はP.102手順1～P.103手順7を参考に操作を進め、リールを投稿します。

フィルターを追加する

P.101手順1～2を参考に「新規投稿」画面で［リール］までスワイプし、投稿したい動画を選択します。

1 ［次へ］をタップします。

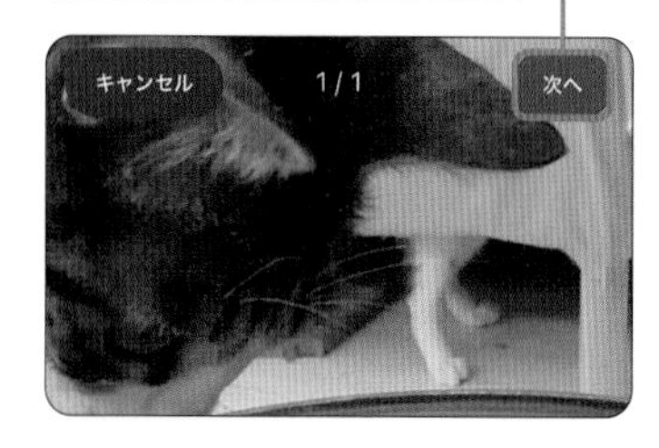

2 ［動画を編集］をタップします。

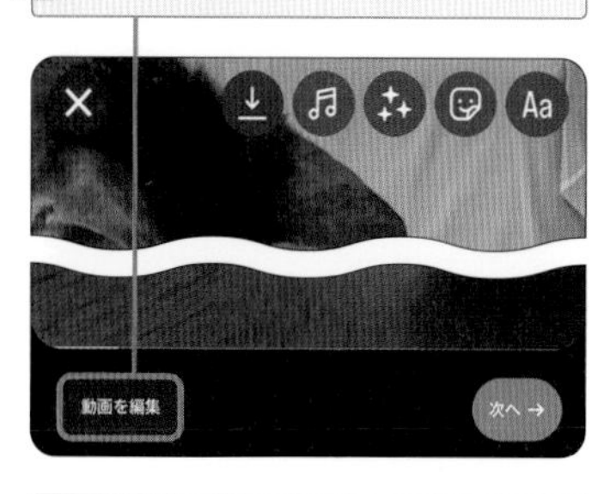

3 画面下部のメニューを左方向にスワイプし、

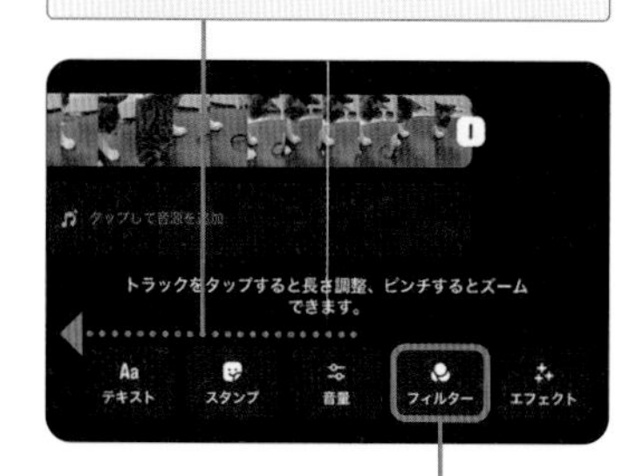

4 ［フィルター］をタップします。

5 適用したいフィルターをタップし、

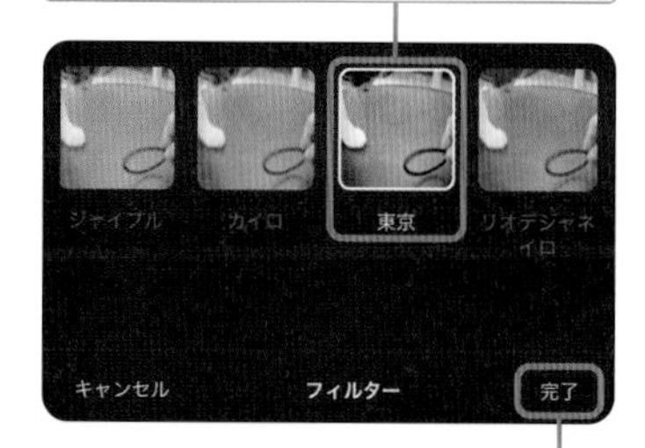

6 ［完了］をタップします。

7 動画を再生して問題がなければ、→をタップします。

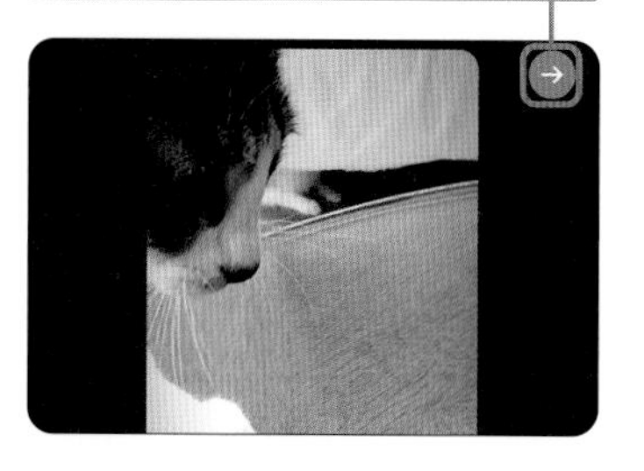

以降はP.102手順1～P.103手順7を参考に操作を進め、リールを投稿します。

エフェクトとフィルターの同時適用も可能

手順3の画面で［エフェクト］をタップすると、P.108手順3の画面が表示され、エフェクトの追加ができます。1つの動画にエフェクトとフィルターを同時に適用することも可能です。

#リール　#ステッカー　#お題

Section

53 「お題」を付けて投稿する

「お題」のステッカーを付けてリールを投稿すると、フォロワーやその他のユーザーのお題に沿った写真や動画を閲覧できます。なお、お題はストーリーズでも利用可能です。

「お題」を付ける

P.101手順1～2を参考に「新規投稿」画面で［リール］までスワイプし、投稿したい動画や写真を選択します。

1 ［次へ］をタップします。

2 をタップします。

3 ［お題］をタップします。

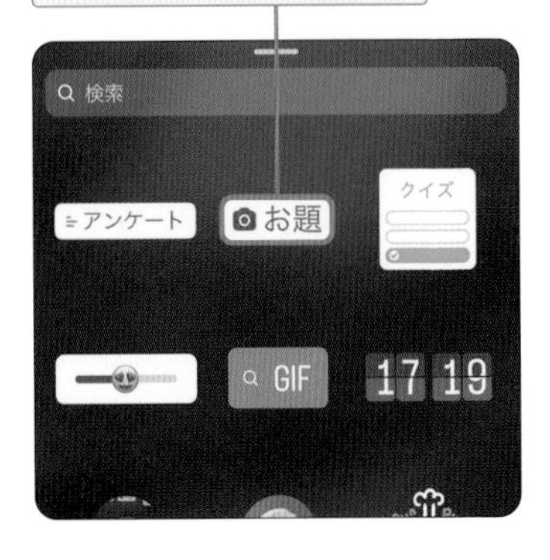

Check 「お題」が表示されない場合

アプリのバージョンが最新でなかったり、アカウントを作成したばかりだったりすると、リール、ストーリーズともに「お題」のステッカーが表示されないことがあります。また、他のユーザーが投稿したお題への参加もできません。ただし、アプリのアップデート後やアカウント作成の数ヶ月後に利用できるようになる場合があります。

4 お題を入力し、

🎲をタップするとお題がランダムに設定され、[お題をもっと見る]をタップすると他のユーザーが作成したお題を閲覧できます。

5 [完了]をタップします。

6 お題をドラッグして位置を変更したり、ピンチイン／ピンチアウトして大きさを変更したりしたら、

7 [次へ]をタップします。

以降はP.102手順1～P.103手順7を参考に操作を進め、リールを投稿します。

「お題」に参加したユーザーの投稿を確認する

1 投稿したリールを表示し、お題をタップします。

2 お題に参加したユーザーの投稿が一覧で表示され、タップして各投稿内容を確認できます。

Section 54 動画の長さや再生速度を設定する

リールは、動画の長さや再生速度の調整が可能です。不要なシーンをカットしたり、情報を短時間で伝わるようにしたりと、最後まで見てもらいやすい動画になるよう編集しましょう。

動画の長さを設定する

P.101手順1～2を参考に「新規投稿」画面で［リール］までスワイプし、投稿したい動画を選択します。

1 画面下部のトラックのハンドルをドラッグし、動画の長さを調整します。

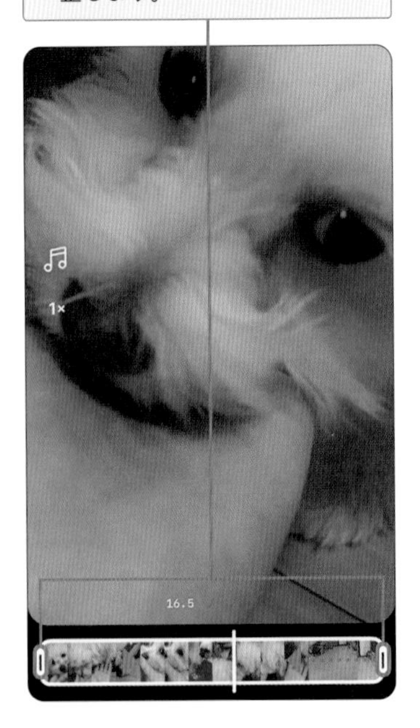

2 動画を再生して問題がなければ、［次へ］をタップします。

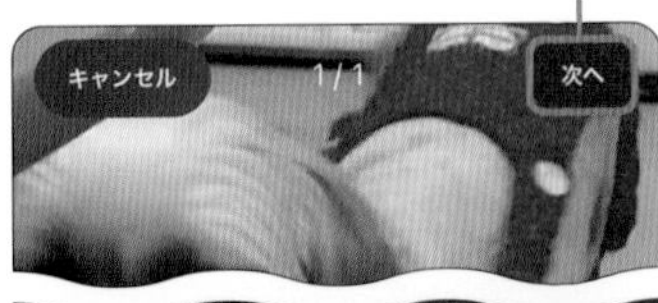

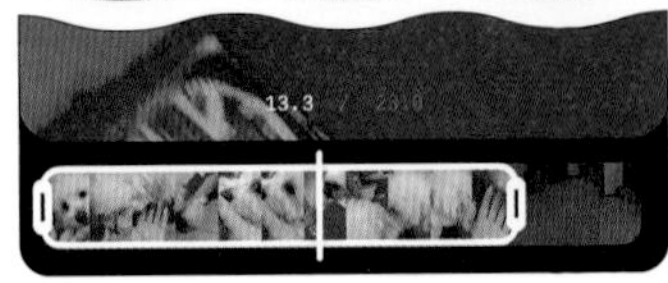

3 ［次へ］をタップします。

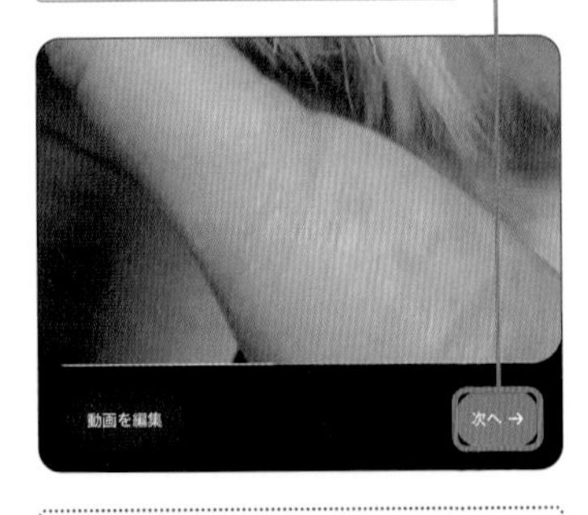

以降はP.102手順1～P.103手順7を参考に操作を進め、リールを投稿します。

動画の再生速度を設定する

P.101手順1～2を参考に「新規投稿」画面で［リール］までスワイプし、投稿したい動画を選択します。

1 画面左の1×をタップします。

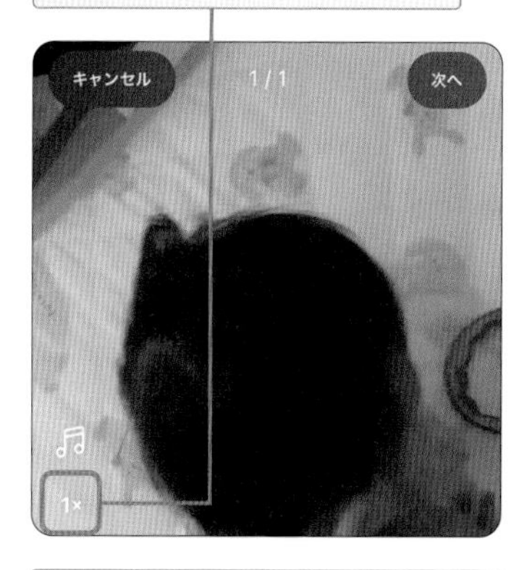

2 設定したい速度をタップします。

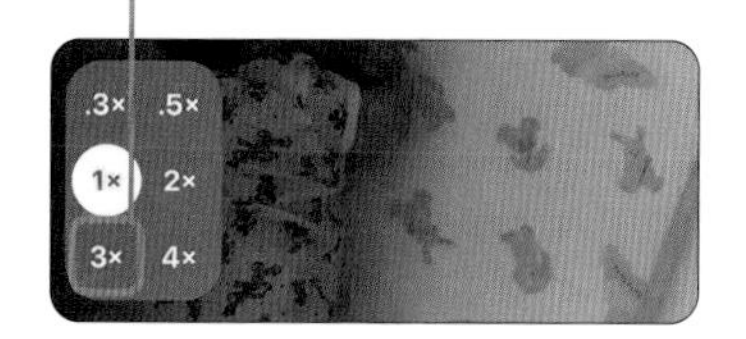

3 動画を再生して問題がなければ、［次へ］をタップします。

4 ［次へ］をタップします。

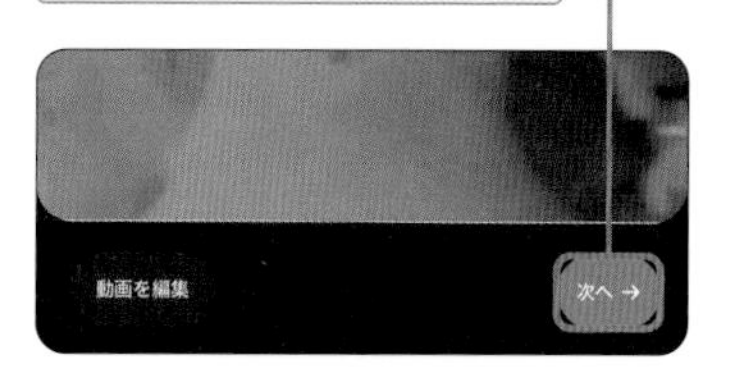

以降はP.102手順1～P.103手順7を参考に操作を進め、リールを投稿します。

Hint 編集画面で動画の長さや再生速度を設定する

手順4の画面で［動画を編集］をタップすると、編集画面が表示されます。画面下部のメニューから［編集］をタップすると、トラックのハンドルをドラッグして動画の長さを設定したり、［速度］をタップして再生速度を設定したりできます。

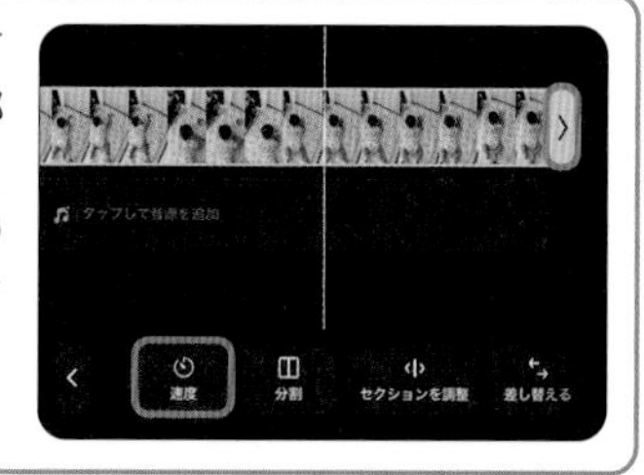

Section 55 撮影時の設定をする

リールの撮影時には、インスタグラムオリジナルのカメラ機能を設定できます。さまざまな効果を適用して、他のユーザーの目を引くユニークなリールに仕上げてみましょう。

撮影時に設定できる機能

リールのカメラを起動した際、画面左にさまざまなカメラのメニューが表示されます。ここで任意のメニューをタップすることで、その効果を適用したカメラで動画を撮影できるようになります。
搭載されているメニューには、撮影時に音楽を追加できる「音源」(P.106～P.107参照)、エフェクトを適用できる「エフェクト」(P.108参照)、撮影画面を任意のレイアウトに分割できる「レイアウト」、好きな背景画像や映像を合成できる「Green Screen」、設定したお題に沿って他のユーザーと写真や動画を共有できる「お題」(P.110～P.111参照)、撮影時間を事前に設定できる「長さ」、インカメラとアウトカメラの映像を同時に撮影できる「デュアル」(P.116～P.117参照)、ジェスチャーで撮影を開始・終了できる「ジェスチャーコントロール」があります。

P.101手順1～3を参考に、リールのカメラを起動します。

1 画面左のカメラのメニューの∨をタップします。

2 すべてのメニューが表示されます。

レイアウト

2～6画面に分割されたレイアウトを作成し、各画面で撮影した動画を1つのリールにできます。

Green Screen

カメラに映る人物や物の輪郭を切り抜き、任意の背景を適用して撮影できます。

長さ

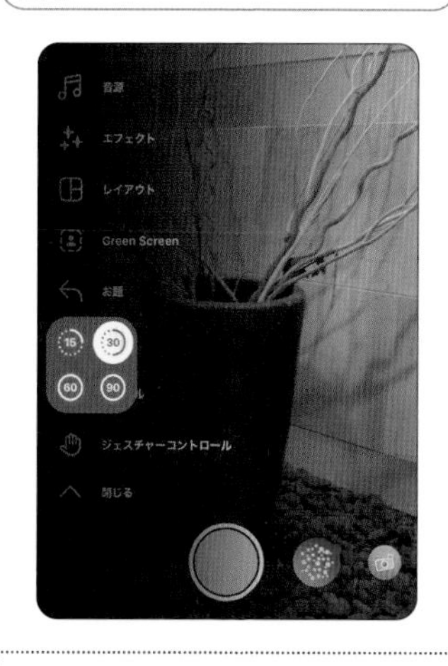

リールの撮影時間はデフォルトでは30秒に設定されていますが、他の秒数を選択して撮影できます。

ジェスチャーコントロール

カメラに映る人物が手を挙げると、手を認識後に3秒のカウントダウンが開始され、撮影を開始・終了できます。

Section 56 デュアル画面で撮影する

デュアル画面は、リールの撮影機能の1つです。2画面での撮影が可能なので、メインの映像と共に自分の表情やリアクションを伝えたいときに活用できます。

デュアル画面とは

デュアル画面とは、スマートフォンのインカメラとアウトカメラの映像を同時に撮影できる、リールのカメラ機能です。目の前にある景色を撮影しながら自分の表情やリアクションも一緒に撮影できるため、テレビのワイプのように利用しているユーザーも多くいます。
右上に表示されるインカメラの小さな枠はサイズや位置の変更ができ、アウトカメラで映す映像に干渉しないよう調整を行えます。また、デフォルトではアウトカメラの映像が大きく、インカメラの映像が右上に小さい枠で表示されるようになっていますが、インカメラの映像を大きく、アウトカメラの映像を小さくすることも可能です。撮影シーンに合わせて強調したいほうの映像を大きくするなど、適宜設定を行いましょう。

デュアル画面で撮影する

P.114手順1を参考にカメラのメニューを表示します。

1 ［デュアル］をタップします。

2 画面右上にインカメラの映像が表示されたら、画面をタップしてカメラのメニューを閉じます。

任意でインカメラの枠をピンチアウトしたりドラッグしたりして、サイズや位置を変更します。また、■をタップするとインカメラとアウトカメラの映像が入れ替わります。

3 ◯をタップして動画を撮影します。

4 ■をタップすると、動画の撮影が完了します。

以降はP.102手順6～P.103手順7を参考に操作を進め、リールを投稿します。

Section

57 リールを見る

他のユーザーのリールは、リール画面からランダムに閲覧できます。また、特定のユーザーのリールのみを閲覧したい場合は、そのユーザーのプロフィール画面の投稿一覧から確認します。

リールを見る

1 画面下部のメニューから をタップします。

2 リールが表示されます。

3 キャプションをすべて表示する場合は、[…]をタップします。

4 キャプションがすべて表示されます。

5 次のリールを見る場合は、画面を上方向にスワイプします。

6 次のリールが表示されます。

Section 58 リールに反応する

通常の投稿と同じように（P.050、P.054参照）、気に入ったリールや共感したリールには、「いいね！」やコメントなどの反応を送って気持ちを伝えることができます。

リールに「いいね！」やコメントを送る

P.118を参考にリールを表示します。

1 ♡をタップします。

2 ♡が♥に変わり、「いいね！」が付きます。

3 ○をタップします。

4 コメント内容を入力し、

5 ［投稿する］をタップします。

6 コメントが完了します。

「いいね！」やコメントを付けた投稿を確認するには、P.051、P.055を参照してください。

Section

59 リールを保存する

通常の投稿と同じように（P.052参照）、リールも個人的なコレクションとして保存することができます。こちらも保存は投稿者には通知されず、他のユーザーに見られることもありません。

リールを保存する

P.118を参考にリールを表示します。

1 保存したいリールの…をタップします。

2 ［保存］をタップします。

3 保存が完了します。

コレクションが作成されている場合（P.053Hint参照）、保存の際にどのコレクションに振り分けるかを選択できます。

保存したリールを確認する

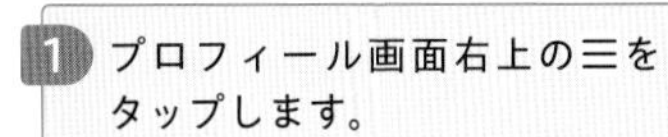

1 プロフィール画面右上の☰をタップします。

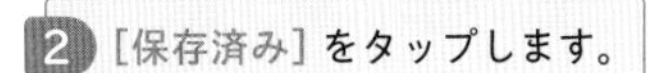

2 [保存済み] をタップします。

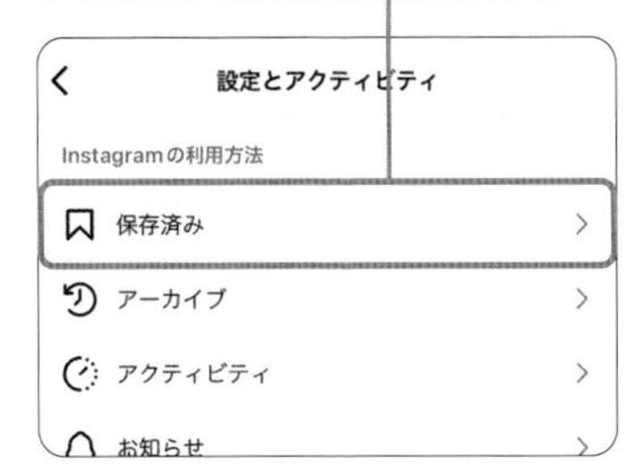

3 [すべての投稿] をタップします。

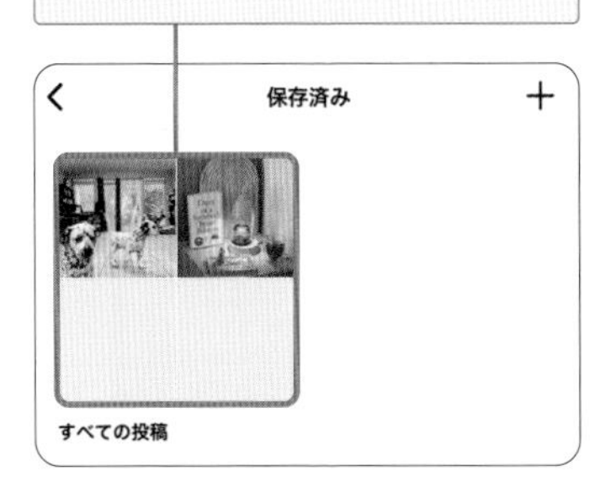

コレクションが作成されている場合（P.053Hint参照）、コレクション内の投稿も選択できます。

4 確認したい投稿をタップします。

5 投稿が表示されます。

保存済みからリールのみを表示する

手順4の画面で⏵をタップすると、保存済みの投稿からリールのみを表示できます。

4章 いろいろな動画を投稿する

Section 60 インスタライブとは

インスタライブは、インスタグラムで映像を生配信できる機能です。フォロワーや視聴者からの反応もリアルタイムで受け取れるので、コミュニケーションをより深めることができます。

インスタライブとは

インスタライブとは、インスタグラムのライブ配信機能のことです。誰でもリアルタイムで配信でき、フォロワーや視聴者はその配信に対してリアクションやコメント、質問などの送信ができるようになっています。
基本的にインスタライブは配信中のみ視聴可能で、終了後には自動的に削除されますが、後からリールとして投稿する選択肢もあります。また、2人以上のユーザーが共同でライブ配信を行うことができるコラボ機能もあり、フォロワーや視聴者と交流を深めることができます。
インスタライブは、企業や個人のプロモーション活動などにも多く活用されています。さまざまなアカウントのライブ配信を視聴して、自身の配信の参考にしてみましょう。

事前に撮影したものでなく、状況をリアルタイムで配信できます。

最大4人までのユーザーで共同配信を行うこともできます。

Section 61 ライブ配信をする

ライブ配信は、現在開催中のイベントの実況、お知らせ、おしゃべり、質疑応答など、さまざまな目的で利用されます。フォロワーと共有したいシーンや出来事を配信してみましょう。

ライブ配信を開始する

1 画面下部の⊞をタップします。

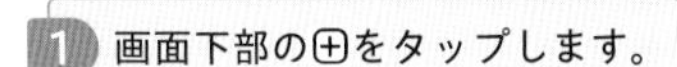

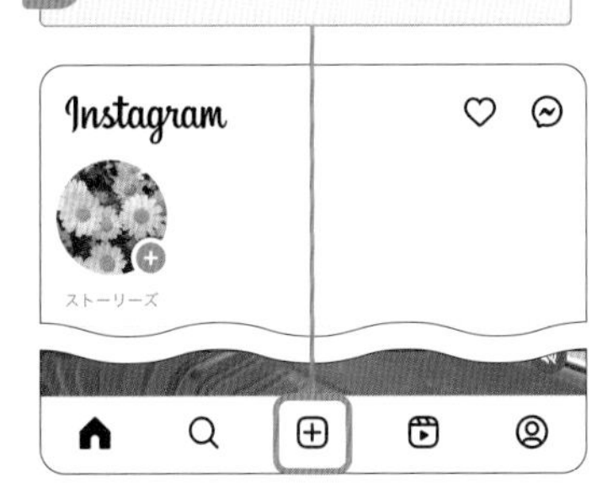

2 「新規投稿」画面下部の投稿先を［ライブ］までスワイプします。

3 ◎をタップします。

Check ライブ動画をアーカイブに保存する

ライブ動画をアーカイブに残したい場合は、開始前に手順3の画面右上の⚙→［ライブ］→「ライブ動画をアーカイブに保存」の をタップして にします。

4 カウントダウンが始まり、配信が開始されます。

5 ライブ配信を終了する場合は、画面右上の☒をタップします。

6 ［今すぐ終了］をタップします。

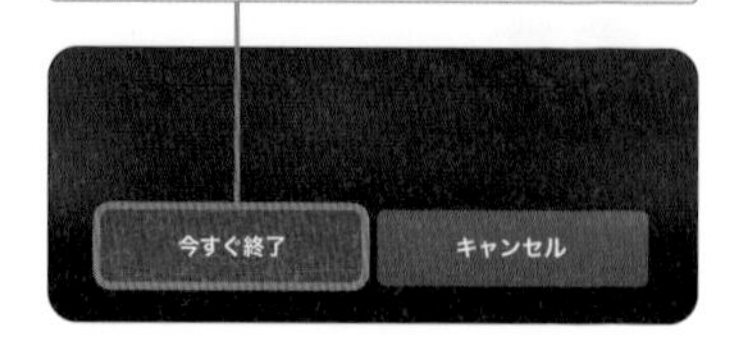

7 ライブ配信が終了します。

ライブ配信の動画を破棄する場合は［動画を破棄］→［破棄］をタップします。リールとして投稿する場合は［シェア］をタップし、P.102手順1～P.103手順7を参考に操作を進めます。

Memo 配信画面のメニュー

ライブ配信中は手順4の画面の通り、さまざまなメニューが表示されます。画面右の▣は写真や動画の画面共有、▣はマイクのオフ、▣はカメラのオフ、▣はインカメラとアウトカメラの切り替え、▣はエフェクトの選択を行えます。画面の入力欄からは配信者自身もコメントを送信でき、▣は参加リクエストの確認、▣はユーザーの招待（P.129参照）、▣は質問の確認、▣はライブ配信の共有を行えます。また、視聴ユーザーがいる場合、手順5のように画面右上に視聴者数が表示されます。

Section 62 タイトルを追加する

ライブ配信にはタイトルを付けることができます。配信の目的や内容を反映した魅力的なタイトルを付けることで、視聴者の興味を引き、視聴数が増えるケースもあります。

タイトルを追加する

P.123手順1～2を参考に「新規投稿」画面で［ライブ］までスワイプします。

1 ［タイトルを追加…］をタップします。

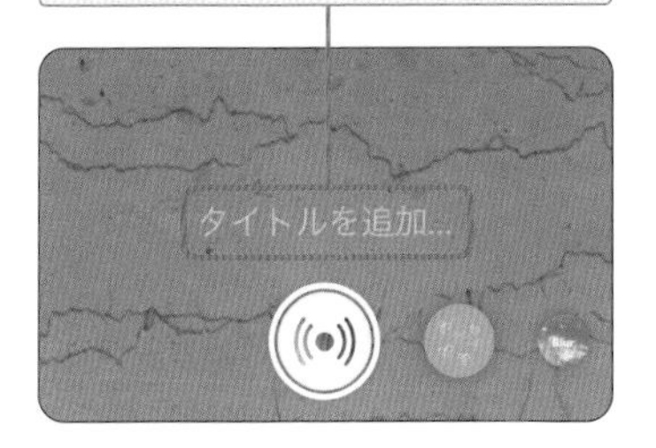

2 配信のタイトルを入力し、

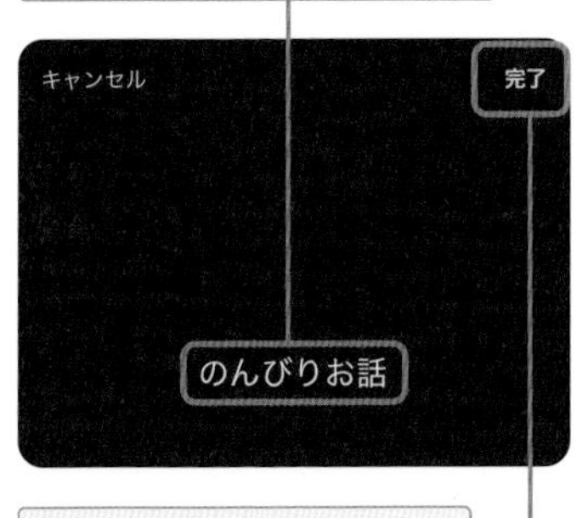

3 ［完了］をタップします。

4 をタップして、ライブ配信を開始します。

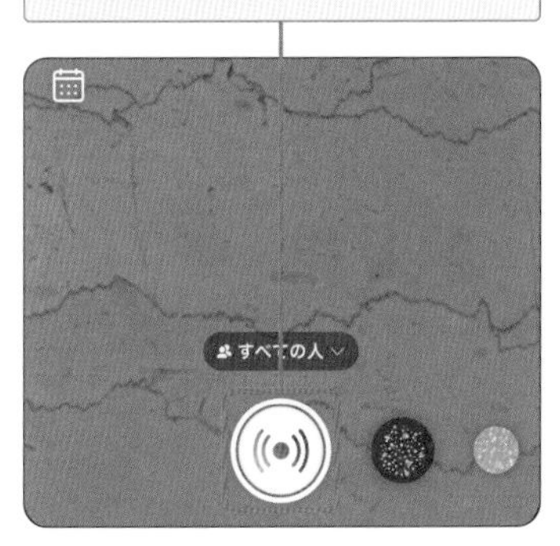

5 画面上部にタイトルが表示されます。

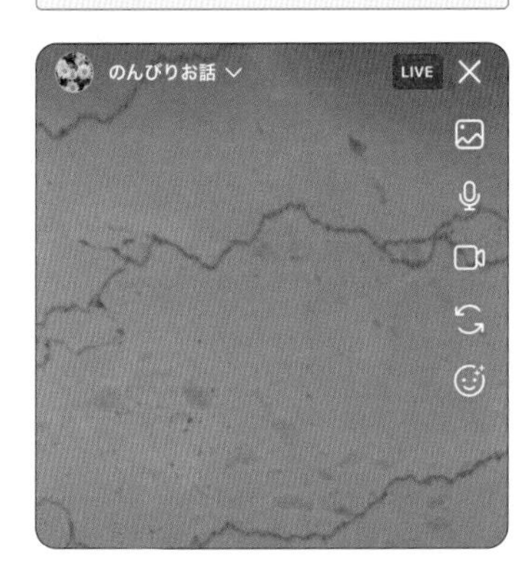

Section 63 ライブの公開範囲を設定する

ライブ配信前に、公開範囲を「すべての人」「フォローバックしているフォロワー」「親しい友達」から選択することができます。配信したい内容に合わせて公開範囲を設定しましょう。

公開範囲を設定する

P.123手順1～2を参考に「新規投稿」画面で[ライブ]までスワイプします。

1 [すべての人]をタップします。

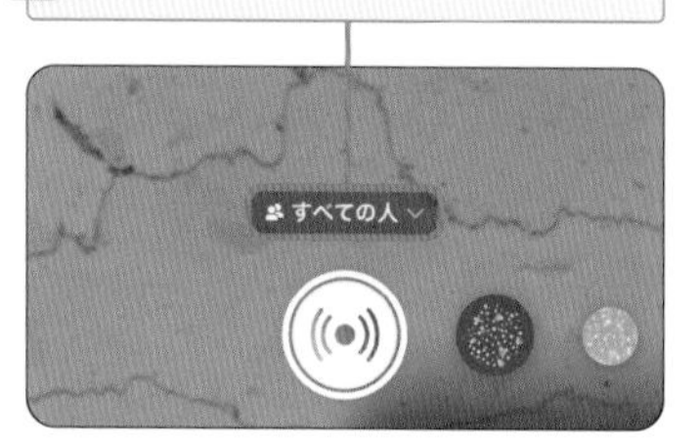

2 任意の公開範囲（ここでは[フォローバックしているフォロワー]）にチェックを付けます。

3 (●)をタップして、ライブ配信を開始します。

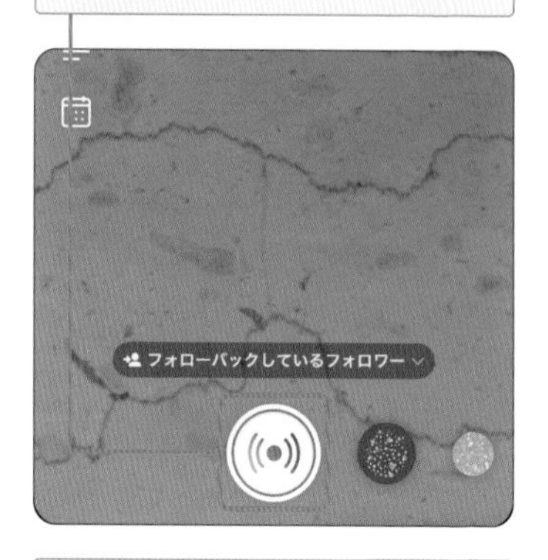

4 手順2で設定したユーザーにのみ、ライブ配信が公開されます。

Section 64 配信スケジュールを設定する

ライブ配信の予定が決まっている場合は、スケジュールをあらかじめ設定しておくことが可能です。事前に投稿で告知も行えるため、フォロワーに確実に周知することができます。

配信スケジュールを設定する

P.123手順1～2を参考に「新規投稿」画面で［ライブ］までスワイプします。

1 ［日時を指定］をタップします。

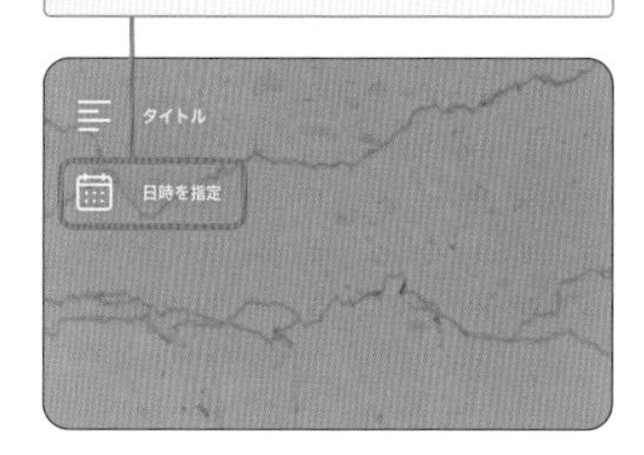

2 ［動画タイトル…］をタップします。

3 ライブ配信のタイトルを入力し、

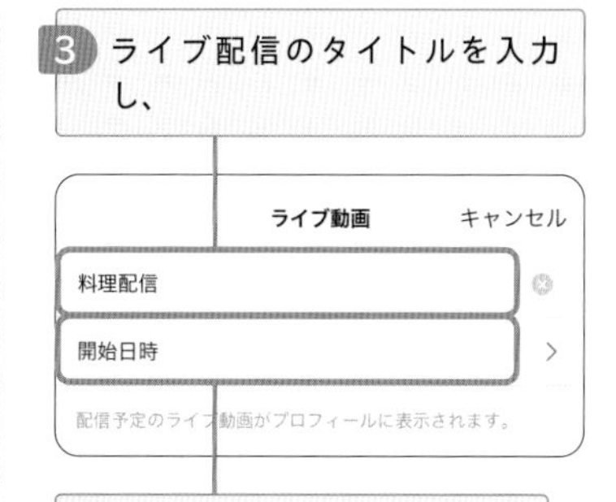

4 ［開始日時］をタップします。

5 日時を上下にスワイプしてスケジュールを設定し、

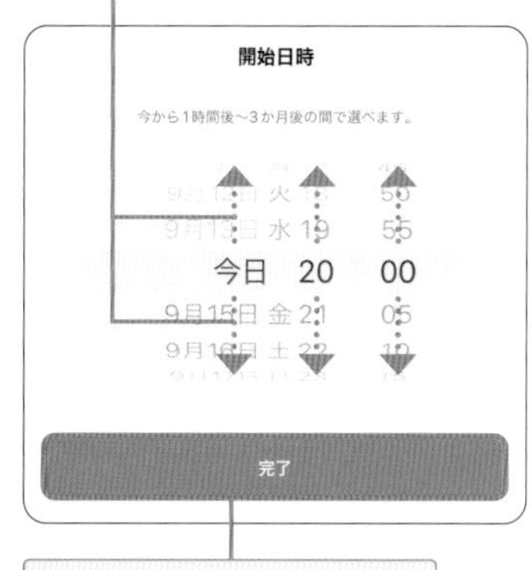

6 ［完了］をタップします。

7 [ライブ動画の配信日時を指定]をタップします。

8 ライブ配信の日時が設定されます。

[シェア] をタップすると、投稿、ストーリーズ、リンクでライブ配信のスケジュールを告知できます。なお、告知をしない場合も、プロフィール画面にスケジュールが表示されます(手順9参照)。

9 プロフィール画面にライブ配信のスケジュールが表示されます。

配信者には、設定した配信日時の「24時間前」「15分前」「直前」の3回、通知が届きます。配信日時がきたら通常通りライブ配信を開始します。

スケジュールをキャンセルする

設定したライブ配信のスケジュールをキャンセルする場合は、プロフィール画面に表示されているスケジュールをタップし、[編集] → [ライブ動画をキャンセル] → [OK] をタップします。また、開始15分前であれば [開始日時] をタップしてスケジュールを変更することもできます。

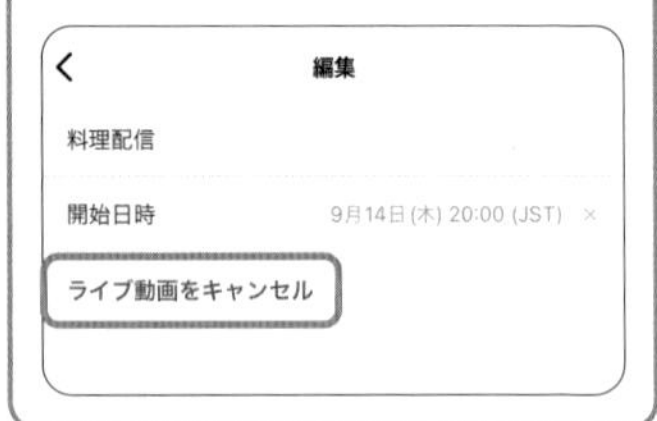

#インスタライブ　#ライブ配信　#コラボ　#ゲスト

Section

65 他のアカウントとコラボする

ライブ配信では、自身を含む最大4人との共同配信が可能です。自身の配信に他のユーザーを招待したり、他のユーザーの配信に参加したりして、交流を楽しみましょう。

配信にゲストを招待する

P.123手順1～3を参考にライブ配信を開始します。

1 画面右下の をタップします。

2 一緒にライブ配信を行いたいアカウントのユーザーネームや名前を入力し、

3 目的のアカウントの[招待]をタップします。

4 招待したユーザーが参加すると、配信画面が分割されます。

5 招待したユーザーを退出させる場合は、手順4の画面上部の をタップし、

6 [削除]→[〇〇を削除]をタップします。

他のアカウントの配信に参加する

1 ライブ配信に招待されると、通知が表示されます。

nakamura_yu01からライブ動画への招待がありました

すべての人が配信を視聴でき、一部のフォロワーには通知が送られます。ライブ動画が終了したら、nakamura_yu01は動画を自分のプロフィールとフィードにシェアでき、アーカイブに最大30日間保存することもできます。

nakamura_yu01とライブ配信を開始

承認しない

2 招待者のライブ配信を表示し、[○○とライブ配信を開始] をタップします。

参加を拒否する場合は、[承認しない] をタップします。また、承認も拒否もせずに一定時間が経過すると、自動的に招待が期限切れになります。

3 画面が分割され、配信が開始されます。

4 配信から退出する場合は、画面右上の☒をタップします。

5 [退出する] をタップします。

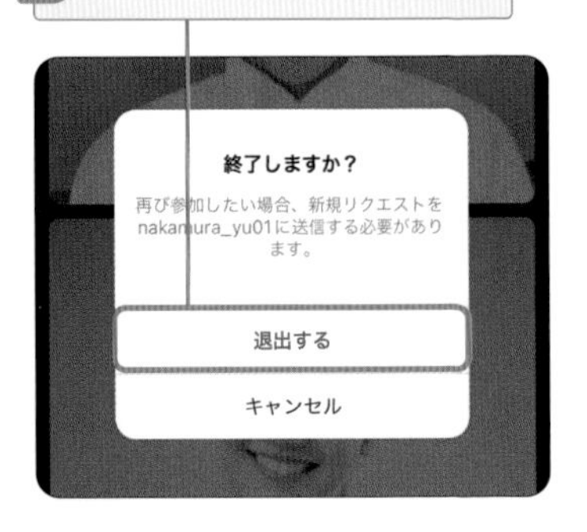

Memo 参加リクエストを送信する

視聴中のライブ配信への参加を自らリクエストしたい場合は、P.131手順2で画面下部の [参加をリクエスト] をタップします。

Section 66 インスタライブを見る

ライブ配信は、限定情報を得たり、配信者の人間性やリアルな一面を見たりできるチャンスです。積極的に視聴に参加して、配信者との結び付きや他のユーザーとの交流を深めましょう。

インスタライブを見る

ライブ配信を行っているユーザーがいると、ホーム画面上部に「LIVE」と表示されます。

1 ライブを見たいユーザーのアイコンをタップします。

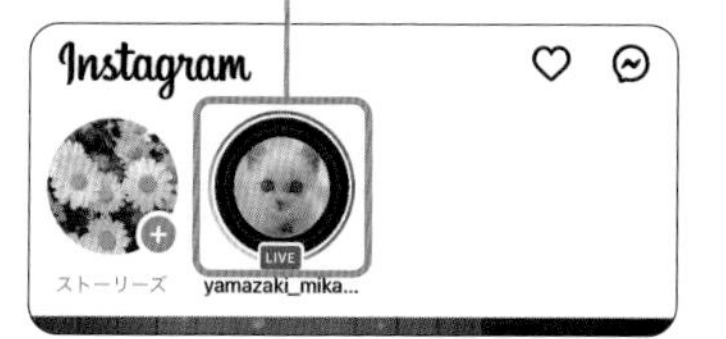

2 現在配信中のライブが表示されます。

配信者と他の視聴者の画面には、参加したユーザーが表示されます。

3 画面右上の☒をタップすると視聴が終了し、ホーム画面に戻ります。

Hint ライブ配信をすぐに視聴するためには

P.193を参考に通知を設定しておくと、ライブ配信を開始したユーザーの通知が届きます。

#インスタライブ　#リアクション　#コメント

Section

67 インスタライブで反応を送る

ライブ配信中は、感情を表現するリアクション、意見を送信するコメント、配信者に対しての質問など、配信者と視聴者のコミュニケーションを活発にするさまざまな機能を利用できます。

インスタライブで反応を送る

P.131手順1を参考に、配信中のライブを表示します。

1 画面下部の♡をタップします。

2 送信したいリアクションアイコンをタップすると、

3 リアクションが完了します。

4 画面下部の［コメントを追加…］をタップしてコメント内容を入力し、

5 ［投稿する］をタップします。

6 コメントが送信されます。

第5章

動画や写真をきれいに撮るテクニック

Section 68 食べ物を美味しそうに見せる

食べ物を美味しそうに見せるためには、光や角度などの撮り方、フィルターや加工などの編集が重要です。同じ被写体でも撮り方や編集によって印象が大きく変わるので、試してみましょう。

食べ物の撮影・加工のポイント

複数の料理がある場合、写真に写る範囲にはなるべく多くのお皿を密集させて撮影しましょう。このときメインに写すお皿を決め、対角線上に別のお皿が入るようにすると、画面全体のバランスがよくなります。また、斜め45度の角度は料理の立体感を引き出せます。

料理の細部や質感を引き出すために、思い切り被写体に近付いてマクロ撮影をしてみるのもよいでしょう。一眼レフカメラやマクロレンズがなくても、スマートフォンの「マクロモード」を使えば、誰でもマクロ撮影が可能です。

スイーツや飲み物などの高さのある被写体は、真横から撮影することでシルエットを強調できます。被写体の斜め後ろから光が入る半逆光の状態で撮影すると、透明感や立体感が出やすくなります。

盛り付けにこだわった華やかな料理は、真上（P.142参照）から撮影すると、全体が見えて美味しそうに見えます。日中の明るい時間帯や窓の近くなど、自然光のある場所で撮影することをおすすめしますが、直射日光は避け、柔らかく均一な光が当たる場所を選びましょう。

白飛びしない程度に明るさを上げることで、料理の表面のツヤや光沢がより鮮明に見えるようになります。明るさが高まると食材の色合いが引き立つので、彩度を上げて色味がより鮮明に見えるようにするとよいでしょう。

料理の写真に赤みのあるフィルターを使用すると、手料理のあたたかさや食欲をそそる雰囲気を出すことができます。一方で青みのあるフィルターは食欲減退色とも呼ばれているため、涼しげな料理の写真以外には使用しないようにしましょう。

料理の写真は色味の加工だけでなく、トリミングも大切です。お皿全体を写さずに画角からはみ出るように少し寄せたり、後から不要な背景や要素を取り除くことで、より見せたい部分を際立たせることができます。

Section

69 景色を美しくリアルに見せる

美しい景色や建物を撮影するときは、天候や時間帯、構図、コントラストなどにこだわってみましょう。自然の美しさや場所の雰囲気を最大限に引き出す写真に仕上がります。

景色の撮影・加工のポイント

屋外撮影では、昼間の太陽光が差し込む時間帯を選びましょう。自然な青空や季節特有の空気感を捉えることができます。水や花火など、動きの速い被写体を撮影する際には、カメラのシャッタースピードを変更してみましょう。

植物を含む風景の撮影では、手前に写るものにピントを合わせることで奥行きを出すことができます。明るい日差しが出ている時間帯では、紅葉や桜、緑などの木々が鮮やかに際立ちます。

建物の撮影は対角線構図（P.143参照）がおすすめです。手前が大きく目に入ることで、迫力のある写真に仕上がります。

早朝の朝焼けの時間帯に薄暗い中で撮影すると、昼間よりも静かで厳かな雰囲気を出すことができます。左右がほぼ対象な景色では、定番の日の丸構図（P.142参照）も映えます。

イルミネーションや夜景の写真は、思い切ってコントラストと彩度を上げてみましょう。写真にメリハリがつき、華やかさがアップします。

歴史のある建造物は、シャドウを下げて暗い部分を強調すると、どっしりとした重厚感を表現できます。寒色系のフィルターを使用したり、シャープな加工を適用したりすれば、より締まった雰囲気になります。

太陽が被写体の背にあるとき（逆光）では、あえてその状況を味方にした写真を撮影するのもよいでしょう。人物のシルエットと壮大な背景を入れることで、ドラマチックな印象を与えられます。

Section 70 動物を可愛く見せる

動物の撮影は、表情や動き、個性や愛らしさを捉えることがポイントです。なお、動物がストレスを感じるような無理な撮影はせず、安全と快適さを最優先にしましょう。

動物の撮影・加工のポイント

動物の撮影では、被写体が自然な行動を取るのを待つのがポイントです。急いで近付いて驚かせることがないように注意しましょう。動きが早い場合は連続撮影を行い、一番写りのよい写真を選択しましょう。

近距離での撮影が難しい動物は、遠くからでも大きく写すことができる望遠レンズの使用がおすすめです。被写体の動きや大きさに合わせてカメラの向きを変更し、適切な構図を選んで撮影しましょう。

動物の視線の高さに合わせ、目にフォーカスを当てて撮影すると、被写体の可愛らしさを強調できます。カメラに顔を向けてほしいときは、おもちゃやおやつを使って目線を誘導しましょう。

動物が眠っているタイミングは、ベストショットの撮影チャンスです。起きているときとは違ったリラックスした穏やかな表情を撮影することができます。背景がふんわりとぼけるようにして撮影すると、柔らかい印象になります。

雰囲気のよい場所では、被写体にピントをしっかり合わせつつ、背景は強くぼかさないように撮影しましょう。被写体を大きく映さずに三分割構図 (P.143参照)に当てはめることで、バランスがよくストーリー性のあるような写真に仕上がります。

思い切ってぐっと近付いてみても、おもしろい写真が撮影できます。このときにマクロレンズや望遠レンズを使用すると、毛の細かな質感や大きな目など、被写体の愛らしさを引き立たせることができます。

Section 71

日常をおしゃれに見せる

何気ない日常にこそ、美しさや魅力が隠れています。普段は見逃してしまいがちな小さな出来事のひとコマも、撮り方や切り取り方で豊かでおしゃれに見せることができます。

日常の撮影・加工のポイント

顔が写らない影写真は、深みのある印象を与えてくれます。影は光の方向や季節によって形や濃さが変化するため、何気ない日常の中でも特別な一瞬を撮影できます。影をよりハッキリさせたいときは、シャドウやコントラストを調整してみましょう。

食べ物や飲み物、雑貨などを手に持って空に向けて撮影すると、爽やかな印象の写真に仕上がります。購入した店舗や看板をバックに撮影するのもよいでしょう。

室内は自然光が差し込む時間帯に撮影すると、あたたかい雰囲気を捉えることができます。また、柱や家具の垂直を意識した構図にすることで、バランスのよい写真に仕上がります。部屋全体の広さを伝えるには、広角レンズの使用がおすすめです。

天気のよい明るい日は、窓際で人物を撮影してみましょう。撮影時の空の色や雲の形はその瞬間だけしか見ることができない特別なものです。窓際に人物を置いて少し引いて撮影することで、景色の雄大さも強調できます。

街中で見つけた小さな幸せや、何気ない瞬間を収めた写真も切り取り方や加工で物語性のある写真になります。夜の写真は赤みのあるフィルターをかけるとノスタルジックな雰囲気に仕上がります。

バルコニーは、自然光を使って撮影できることが最大のポイントです。植栽の背の高さを表現したいときは、カメラの向きを縦にしたり、下からのアングルで撮影したりしてみましょう。柱がある場合は、直線部分が垂直になるように撮影すると、写真の収まりがよく見えます。

おしゃれな靴やお気に入りの靴下の写真を撮影したいときは、真上からの構図を選ぶと全体像がわかりやすくなります。厚みのある靴の場合は、真横や斜めのアングルから撮影しましょう。

Section 72 プロっぽく見せる写真の構図を知る

被写体の魅力や存在感を最大限に生かすためには、適切な構図選びが必須です。基本の構図をいくつか知っておくと、バランスのよい美しい写真を撮影することができます。

基本の構図

日の丸構図

画面の中心に被写体を配置する構図です。被写体の存在感を引き立てやすいシンプルな構図ですが、多用しすぎると単調になってしまう点に注意しましょう。

真俯瞰

真上から被写体を見下ろす構図です。料理や物撮りなどで活用され、広範囲で全体を見せることができます。照明の位置を意識して、影が入らないように撮影しましょう。

Check 水平を意識して撮影する

どの構図においても「水平」を意識することで、バランスのよさや視覚的な安定感をもたらします。スマートフォンのカメラにはグリッド線を表示できる機能があるため、グリッド線をガイドにして綺麗な写真を撮影してみましょう。

三分割構図

画面を縦横に3つの区画に分け、これらの線の交差点に被写体を配置する構図です。料理から風景、人物など、さまざまな被写体に適用できる基本の構図といえます。

シンメトリー構図

画面の上下または左右がほぼ対称になる構図です。水平線を意識して撮影することで、鏡に映したような整った印象を与えられるため、建築物や風景などに活用できます。

放射線構図

画面の中心またはどこか一点から放射状に線が広がる構図です。写真に奥行きを持たせる他、中央に視線を集める効果、安定感を与える効果もあります。

対角線構図

画面を斜めに分割し、対角線上に被写体を配置する構図です。手前に映るものは大きく見えるため迫力を出せる他、視覚的な動きや流れを表現できます。

#カメラアプリ #加工アプリ

Section 73 カメラ&加工アプリを活用する

被写体の魅力を引き出すための手段として、対象に合わせて撮影設定を細かく調整できるカメラアプリや、写真に独自の雰囲気を与えることができる加工アプリなどを使用してみましょう。

おすすめのカメラ&加工アプリ

Foodie フーディー

食べ物の写真に特化した30種類以上のフィルターが用意されているアプリです。料理を美味しそうに見せる構図（真俯瞰）の撮影をサポートする機能も備わっている他、撮影済みの写真を編集することも可能です。

Dazz-フィルムカメラ

80年代のヴィンテージカメラで撮影したような写真を再現できるアプリです。カメラやレンズのカスタマイズが可能で、日常や風景の写真をおしゃれでレトロな雰囲気に仕上げることができます。

Lightroom

Adobeが提供する、プロカメラマンも御用達の写真編集アプリです。写真の色味を補正したり、不要なものを除去したりなど、さまざまな機能を利用できます。

Focos

一眼レフカメラのように背景をぼかすことができる写真編集アプリです。ぼかしの度合いの調整も可能で、被写体に合わせた加工を施すことができます。

PICNIC-天気の妖精カメラ

天気の差し替え加工ができる写真編集アプリです。曇り空を晴れにしたり、青空を夜空にしたりと、一気に写真の雰囲気を変えることができます。

Grid-it：Tiles for Instagram

写真を分割して投稿できるアプリです。インスタグラムに直接投稿することも可能で、ひと味違ったおしゃれなプロフィールに仕上げることができます。

Section

74 写真に文字を追加する

インスタグラムの文字追加機能は、ストーリーズとリールのみに搭載されています。写真に文字を入れたいときは、多彩なフォントやスタイルを適用できるアプリを利用しましょう。

おすすめの文字追加アプリ

Phonto 写真文字入れ

200種類以上のフォント（うち日本語は30種類以上）が利用できる文字追加に特化したアプリです。縦書きにも対応しており、自由度の高い文字入れができます。

画像文字入れアプリ

900種類以上のフォントが利用でき、日本語以外にも幅広く対応しています。縁取りやグラデーションの適用も可能で、手軽に個性的な文字入れができます。

手書きの文字を入れる

写真や動画に手書きの文字を入れたい場合は、Apple Pencilなどで画面上に文字を書けるイラスト制作アプリの「Procreate」や、紙に書いた文字を取り込んで写真に配置できるデザイン制作アプリの「Canva」がおすすめです。

写真に文字を追加する

あらかじめP.016～P.017を参考にPhonto 写真文字入れアプリをインストールし、アプリを起動します。

1 📷をタップします。

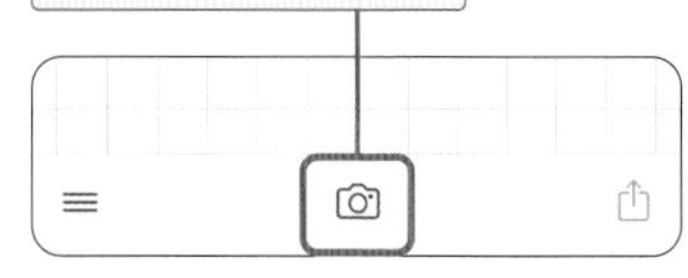

2 [写真アルバム] をタップし、文字を追加したい写真を選択します。

写真へのアクセスを求める画面が表示されたら、[フルアクセスを許可] をタップします。

3 必要であればフィルターやトリミングなどの編集を行い、[完了] をタップします。

4 文字を追加したい場所をタップし、[文字を追加] をタップします。

5 追加したい文字を入力し、

6 ここでは [左寄せ] をタップして文字を中央寄せにします。

7 [フォント] をタップします。

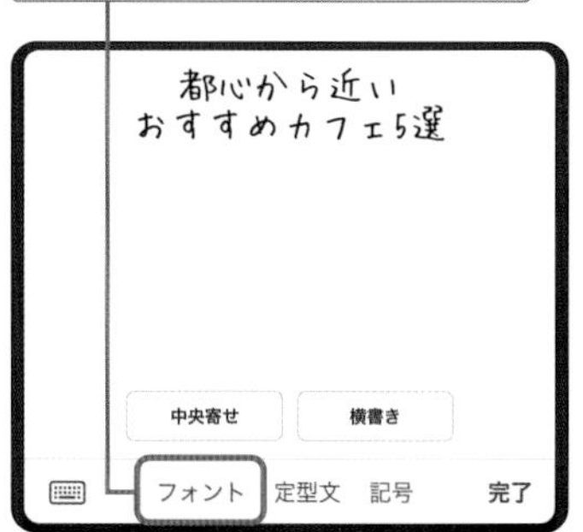

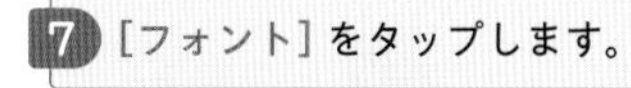

8 任意のフォントを選択します。

9 [完了] をタップします。

10 [サイズ] をタップし、

11 スライダーを左右にドラッグして文字の大きさを調整します。

[スタイル] をタップすると文字の色や背景などを設定でき、[傾き] や [移動] をタップすると文字の向きや位置を調整できます。

12 画面をタップして [文字を追加] をタップすると新しい文字を追加できます。

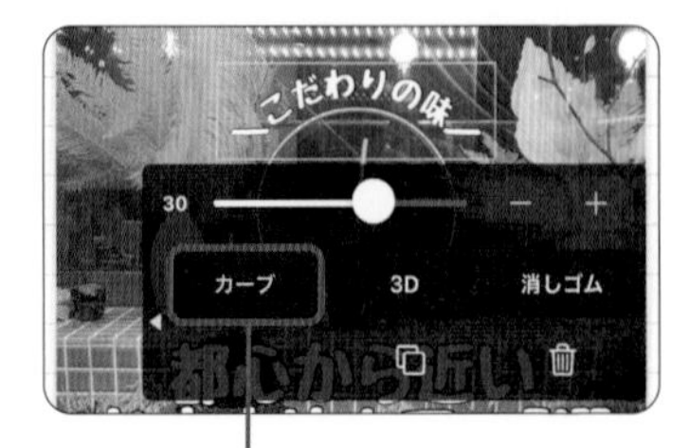

13 [カーブ] をタップしてスライダーを左右にドラッグすると、文字を湾曲できます。

14 文字の追加が完了したら をタップします。

15 [画像を保存] をタップすると、スマートフォンに画像が保存されます。

画像を保存

画像を PNG として保存

プロジェクトを保存

第6章

使い方が広がる！インスタグラムの設定

#ストーリーズ #ハイライト

Section 75

ストーリーズを ハイライトにまとめる

これまで投稿した、または今後投稿するストーリーズは、プロフィールに「ハイライト」として公開することができます。反響があった投稿やお気に入りの投稿をまとめてみましょう。

ハイライトとは

「ハイライト」とは、これまで投稿したストーリーズやこれから投稿するストーリーズを、プロフィール下部に表示される円形のアイコンにまとめることができる機能です。通常ストーリーズは投稿後24時間で削除されますが、ハイライトに追加したストーリーズは24時間以上公開させることができます。
重要な投稿や再度公開したい投稿、反響があった投稿やお気に入りの投稿などをまとめるのに適しており、タイトルやカバー（サムネイル）で特定のテーマやジャンルごとに分類することも可能です。
なお、「親しい友達」にのみ公開したストーリーズをハイライトに追加した場合、ストーリーズと同様にそのとき設定した「親しい友達」のみが閲覧できるようになっており、他のユーザーは閲覧できません。

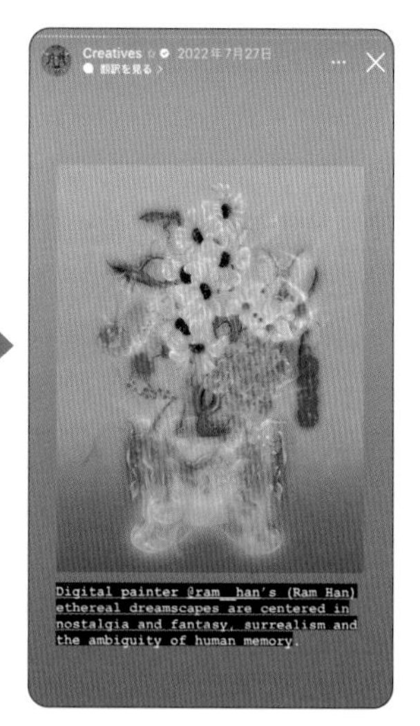

ハイライトを作成する

1 プロフィール画面で「ストーリーズハイライト」の［新規］をタップします。

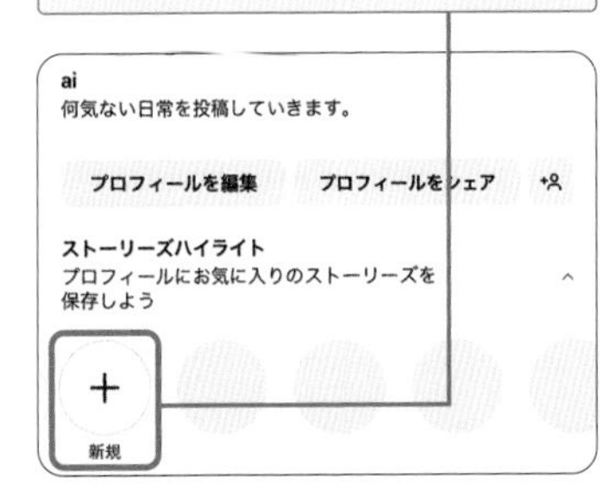

2 ストーリーズのアーカイブからハイライトに追加したい投稿をタップし、

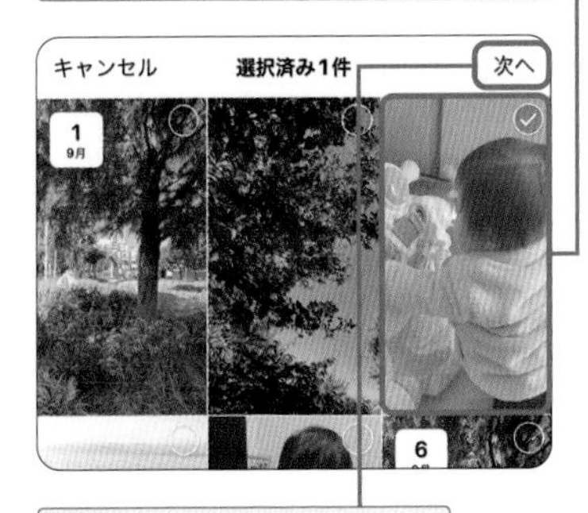

3 ［次へ］をタップします。

アーカイブが表示されない場合

手順2でアーカイブが表示されない場合は、プロフィール画面右上の☰→［アーカイブとダウンロード］をタップし、「ストーリーズをアーカイブに保存」の ◯ をタップして ⬤ にします。

4 ［カバーを編集］をタップします。

5 カバー（サムネイル）の表示範囲を調整し、

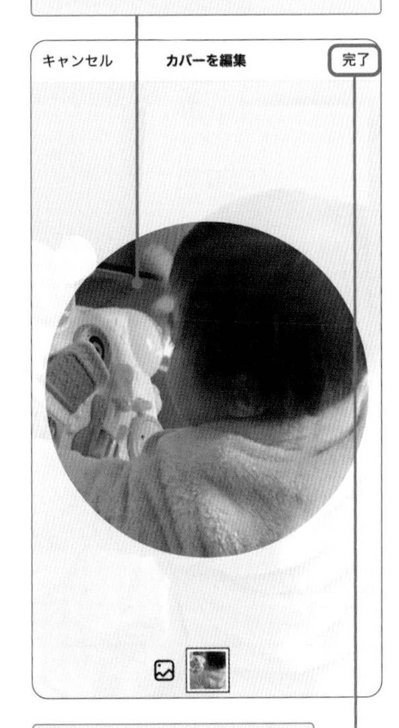

6 ［完了］をタップします。

6章 使い方が広がる！ インスタグラムの設定

7 [ハイライト]をタップします。

8 ハイライトのタイトルを入力し、

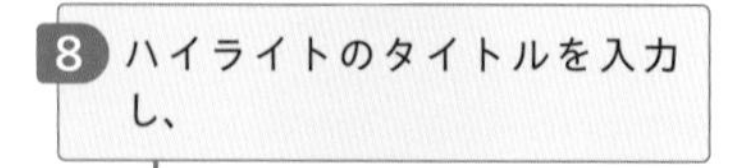

9 [追加]をタップします。

10 ハイライトが作成されます。

11 ハイライトのアイコンをタップすると、追加したストーリーズが表示されます。

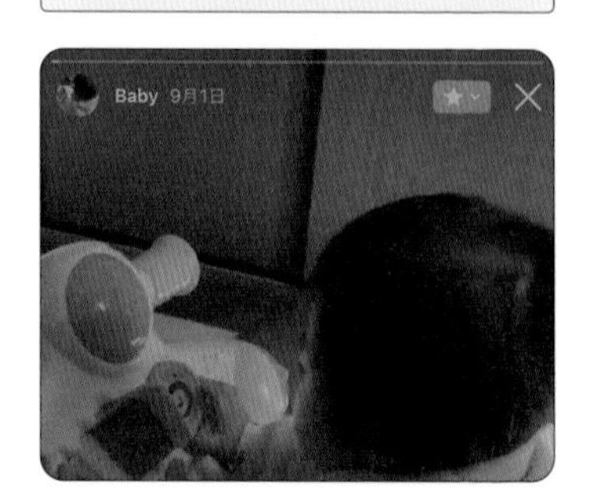

Memo その他の作成方法

ストーリーズの投稿時の「その他のシェア先」で[ハイライトに追加]をタップしたり（P.083手順3参照）、投稿済みのストーリーズの[ハイライト]をタップしたりすることでも（P.094手順2参照）、ハイライトを作成できます。

ハイライトを編集する

1 編集したいハイライトを長押しします。

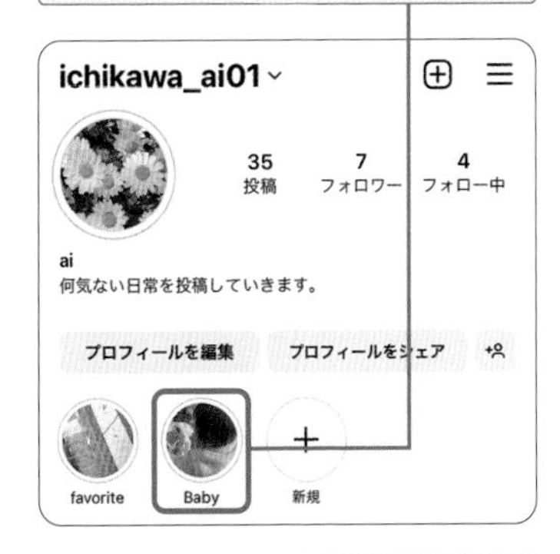

2 ［ハイライトを編集］をタップします。

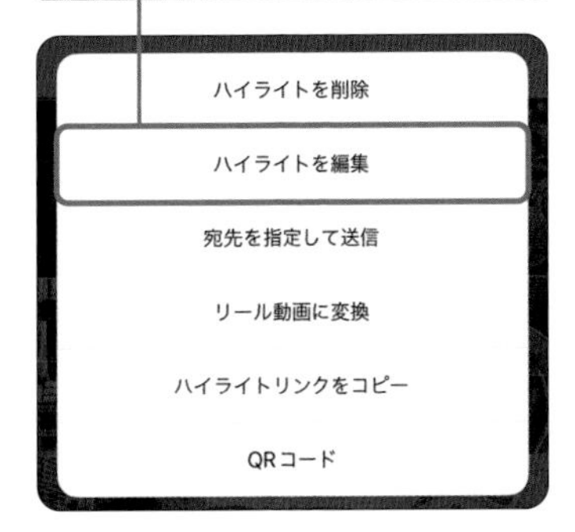

3 カバーを変更する場合は、［カバーを編集］をタップします。

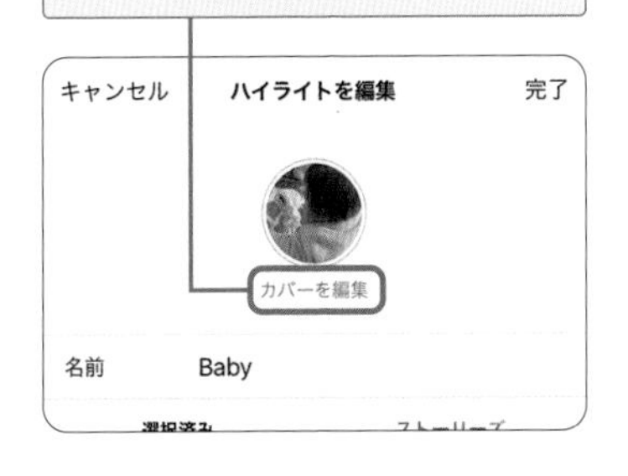

4 ここではスマートフォンに保存されている写真をカバーに設定したいので、🖼をタップします。

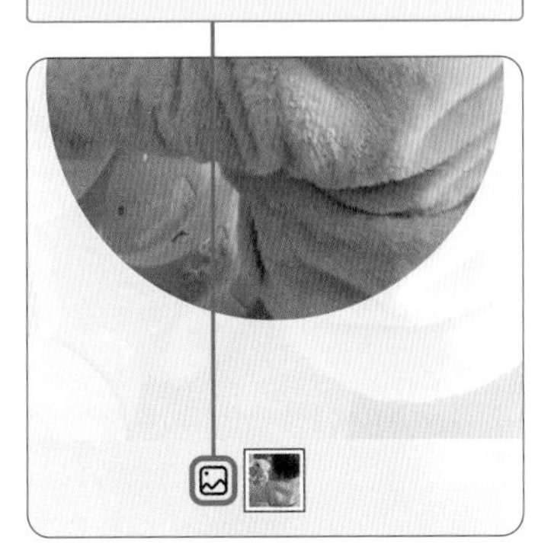

5 カバーに使用したい写真をタップし、

6 ［完了］をタップします。

6章 使い方が広がる！ インスタグラムの設定

7 表示範囲を調整し、

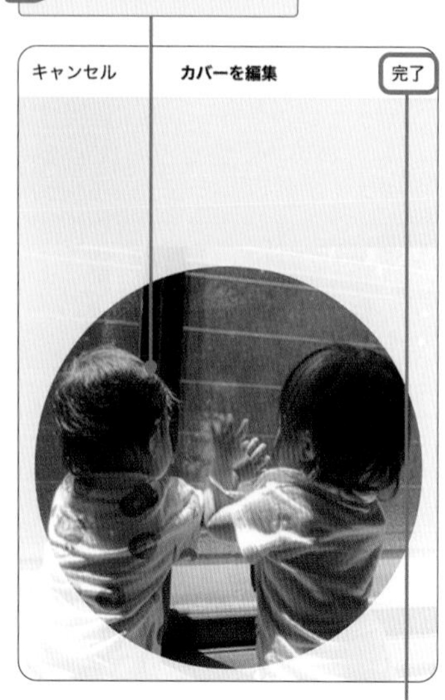

8 [完了] をタップします。

9 ハイライトのタイトルを変更したい場合は、「名前」から変更後のタイトルを入力します。

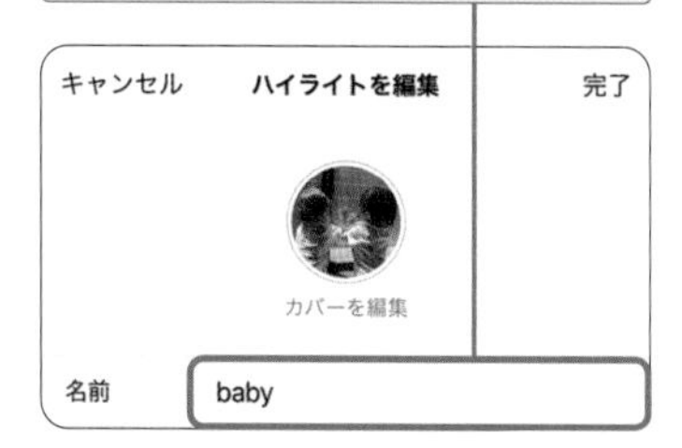

10 ハイライトにストーリーズを追加したい場合は、[ストーリーズ] をタップします。

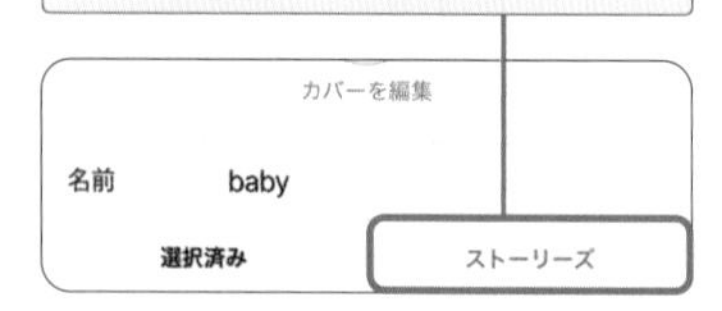

11 追加したいストーリーズをタップし、

12 [完了] をタップします。

13 ハイライトが編集されます。

ハイライトを削除する

1 削除したいハイライトを長押しします。

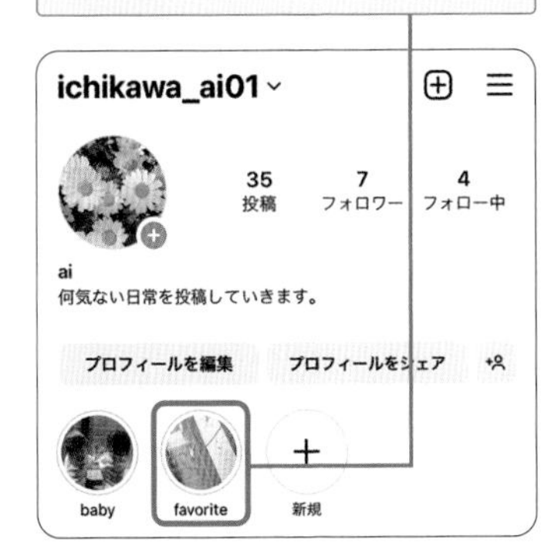

2 [ハイライトを削除] をタップします。

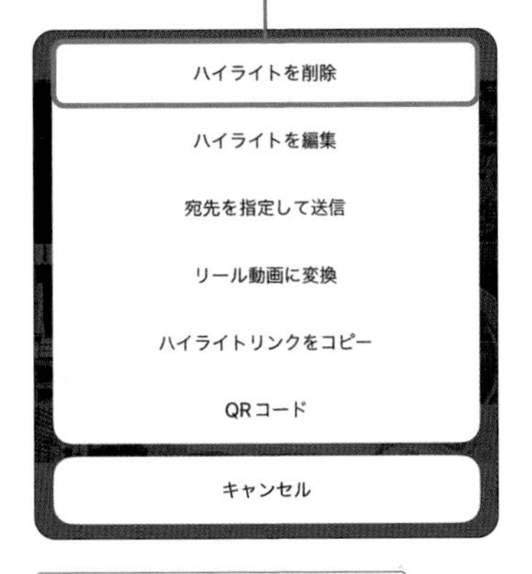

3 [削除] をタップします。

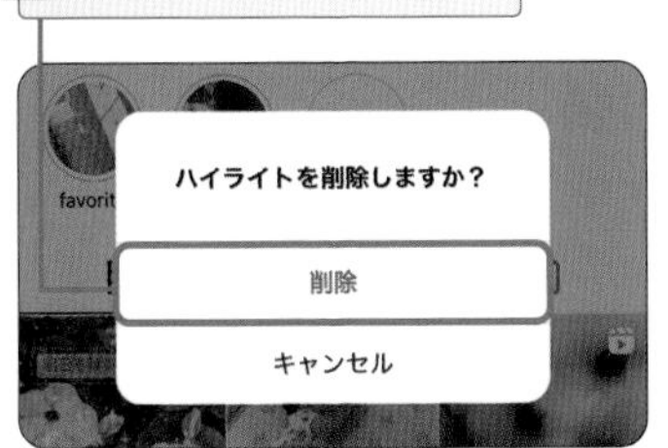

4 ハイライトが削除されます。

Check ハイライト内のストーリーズを削除する

ハイライト全体ではなく、ハイライト内の特定のストーリーズを削除したい場合は、ハイライトから該当のストーリーズを表示し、[その他] → [ハイライトから削除] をタップします。また、P.153手順3の画面で「選択済み」から削除したいストーリーズをタップしてチェックを外し、[完了] をタップすることでも削除できます。

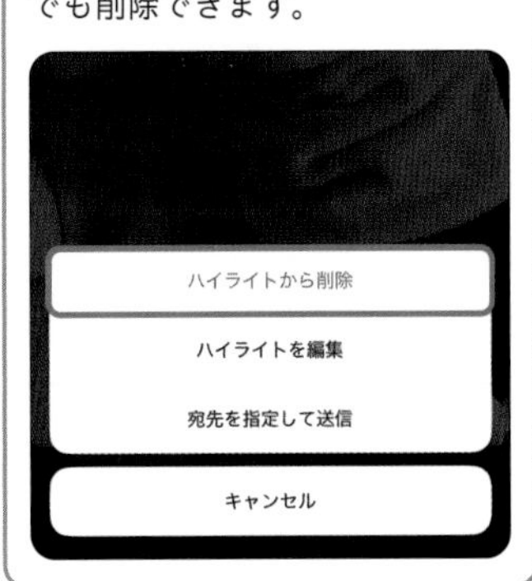

6章 使い方が広がる！ インスタグラムの設定

Section

76 ノートで近況をシェアする

ノートは、DMの画面上で今の気持ちをテキストのみで投稿できる機能です。投稿後24時間で自動的に削除されるため、気軽に近況やプライベートな出来事を共有できます。

ノートとは

主に写真や動画をフィードに投稿するストーリーズに対し、「ノート」は最大60文字までのテキストをDMの画面に投稿する機能です。写真や動画の投稿には対応していません。ストーリーズと同様に投稿後24時間で自動的に削除されるため、気軽に自分の気持ちを投稿できます。
ノートはフォローバックしているフォロワーまたは設定した「親しい友達」のみが閲覧可能で、他のユーザーには公開されません。そのため、近しい関係のユーザーにのみ共有したいプライベートな情報の投稿に向いているといえます。
ノートには自分がフォローしているユーザーの投稿も表示され、コメントを付けることも可能です。自分が受け取ったコメントまたは相手に送ったコメントの内容は、DMの画面に表示されます。コメントの内容は第三者は閲覧できません。

ノートを投稿する

1 ホーム画面右上の⊙をタップします。

2 「自分のノート」の＋または［ノートを入力…］をタップします。

3 ［感じたことをシェア…］または［ノートを入力…］をタップします。

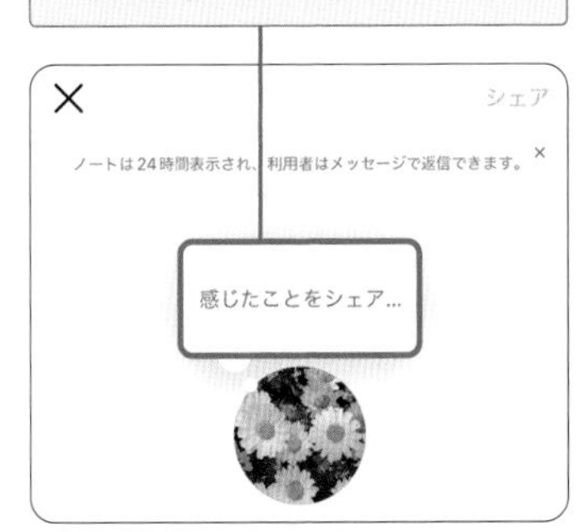

4 投稿したい内容を入力し、

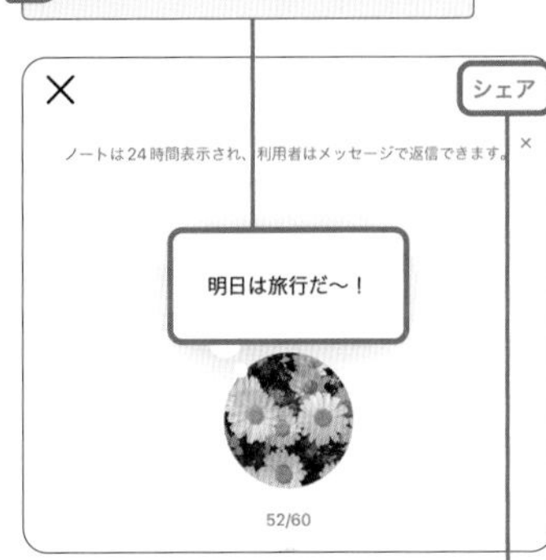

5 ［シェア］をタップします。

6 投稿が完了します。

Memo ノートは通知されない

ノートの投稿時、フォロワーや親しい友達に通知が送信されることはありません。また、ストーリーズやライブのように、自分のノートを閲覧したユーザーを確認することはできません。

ノートを追加する

1 「自分のノート」の投稿をタップします。

2 ［新しいノートを残す］をタップします。

［ノートを削除］をタップすると、投稿が削除されます。一度削除した投稿の復元はできません。

3 新しく投稿したい内容を入力し、

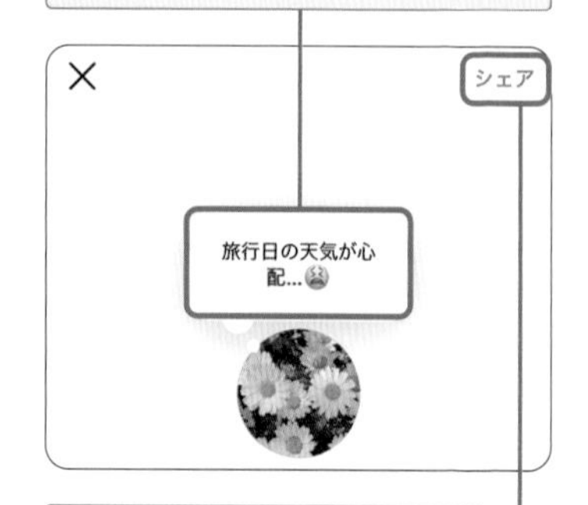

4 ［シェア］をタップします。

5 新しい投稿が表示されます。

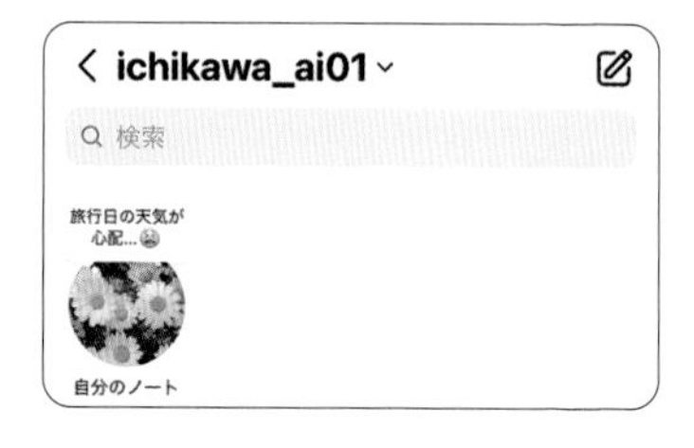

Check ノートの注意点

ノートは投稿後に編集することはできません。誤った内容を投稿してしまった場合は削除するか、正しい内容を再投稿しましょう。また、ノートは同時に複数投稿することはできません。新しいノートを投稿すると、その前に投稿されたノートに上書きされる形で、常に1件のみ表示されます。

ノートに音楽を追加する

1 ノートの入力画面で♬をタップします。

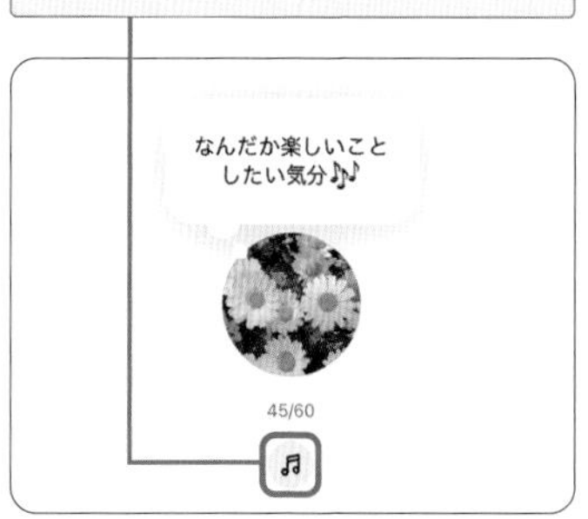

2 追加したい音楽をタップします。

3 画面下部のタイムラインを左右にスライドし、音楽を聴きながら使いたい部分を探したら、

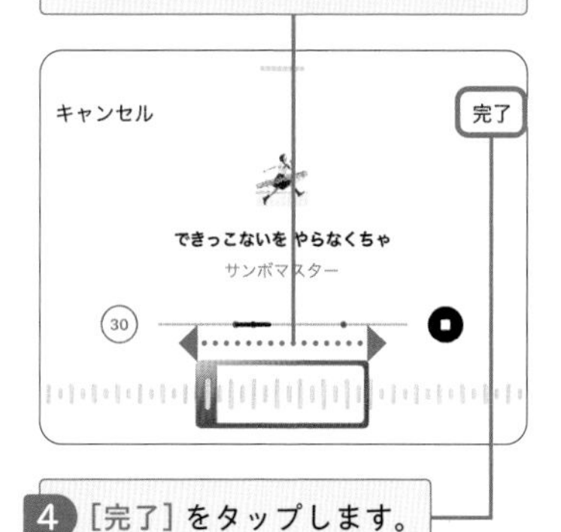

4 [完了]をタップします。

5 [シェア]をタップします。

6 音楽付きの投稿が完了します。

7 投稿をタップすると、音楽が再生されます。

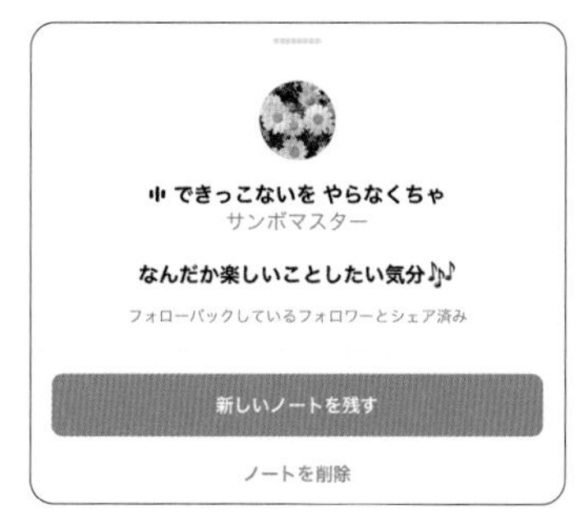

ノートの公開範囲を設定する

1 ノートの入力画面で［共有範囲］をタップします。

2 ここでは［親しい友達］にチェックを付け、

3 ［完了］をタップします。

「親しい友達」が設定されていない場合は、［ユーザーを追加］をタップして操作します。詳しくはP.092手順2～5、P.093Checkを参照してください。

4 ［シェア］をタップします。

5 投稿が完了します。

6 投稿をタップすると、公開範囲を確認できます。

ノートにコメントを送る

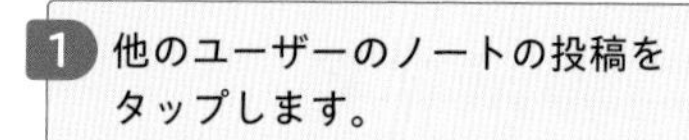

1 他のユーザーのノートの投稿をタップします。

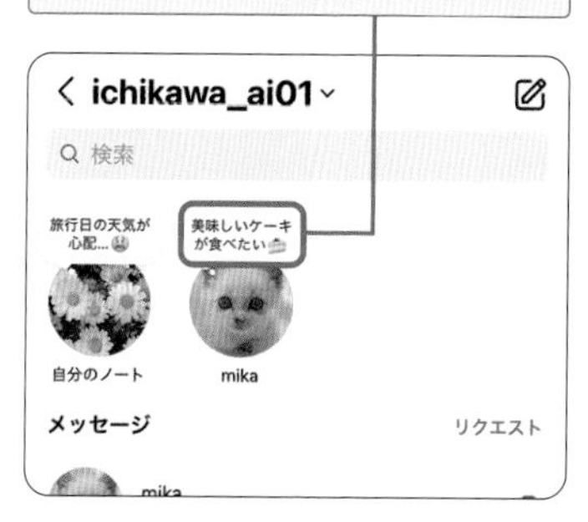

2 [メッセージを送信…] をタップします。

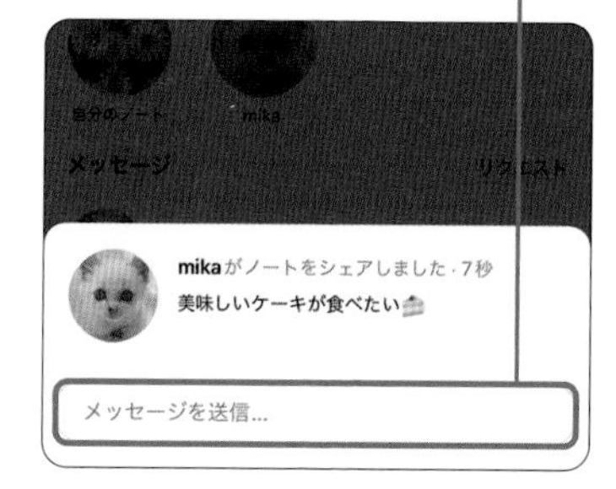

3 コメントを入力し、

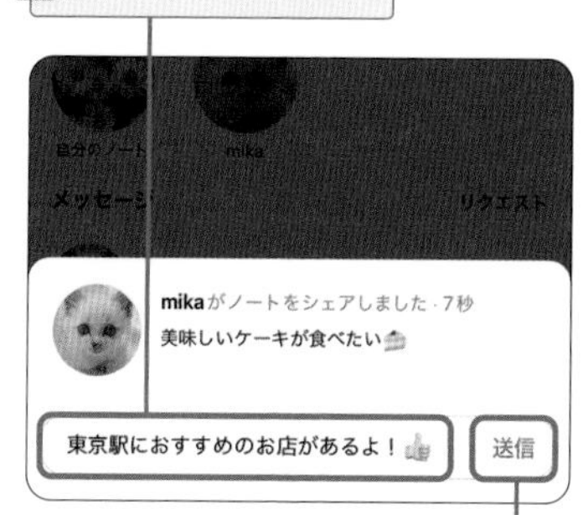

4 [送信] をタップします。

5 「メッセージ」からコメントを送信したユーザーをタップします。

6 コメント内容が表示されます。

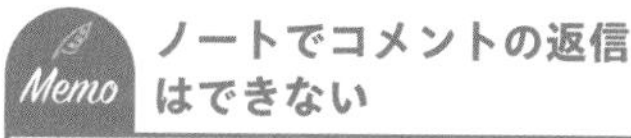

Memo ノートでコメントの返信はできない

自分の投稿にコメントが付いたときも、その内容はDMで表示されます。なお、ノートからコメントへの返信はできないため、質問などの回答はDMからメッセージを送信しましょう。

#投稿のまとめ #ハイライト #コレクション

Section 77

投稿をまとめて プロフィールに表示する

自分のフィードやリールの投稿をジャンルごとにまとめたいときには、他者に公開できる「ハイライト」と、自分だけが閲覧できる「コレクション」の2つの機能を利用できます。

ハイライトで投稿をまとめる

1 ハイライトにまとめたい投稿を表示し、ᐁをタップします。

2 ［ストーリーズに追加］をタップします。

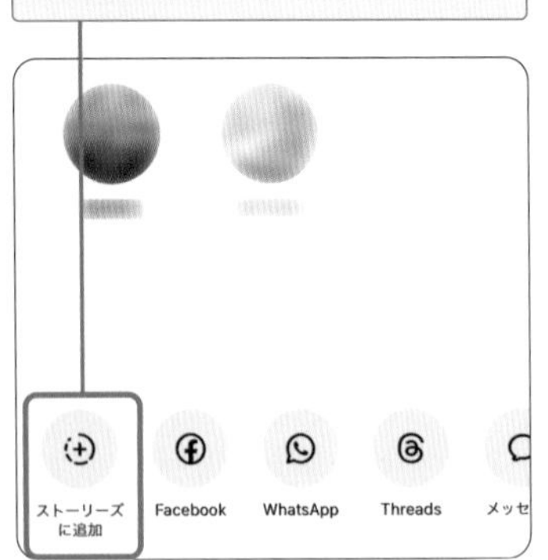

3 ➔をタップし、［ストーリーズ］にチェックを付けて、［シェア］をタップします。

4 ［ハイライトに追加］をタップします。

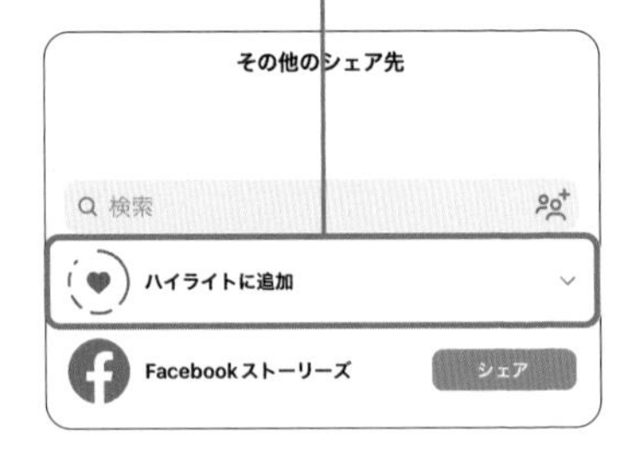

ストーリーズがアーカイブに移動している場合は、P.151～P.152の方法でもハイライトを作成できます。

5 ハイライトのタイトルを入力し、

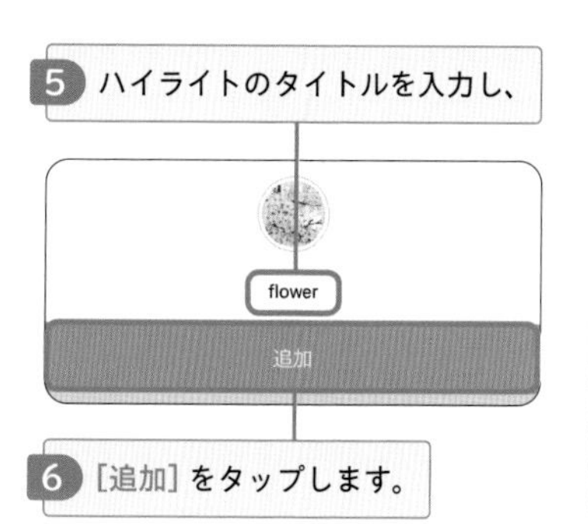

6 [追加] をタップします。

7 ハイライトが作成されます。

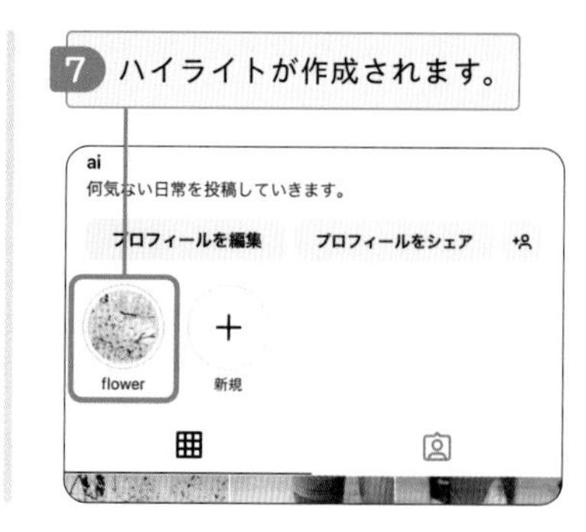

コレクションで投稿をまとめる

P.053手順1～2を参考に「保存済み」画面を表示します。

1 画面右上の＋をタップします。

保存済み

2 任意のコレクション名を入力し、

キャンセル　新規コレクション　完了
名前
美味しかったもの

3 [完了] をタップします。

保存済みの投稿があると、手順3は [次へ] となります。[次へ] をタップしたあと、保存済みの投稿をコレクションに移動したい場合は任意の投稿にチェックを付けて [完了] をタップ、移動しない場合はチェックを付けずにそのまま [完了] をタップします。

4 プロフィール画面の投稿一覧からコレクションに保存したい投稿を表示し、⊓をタップします。

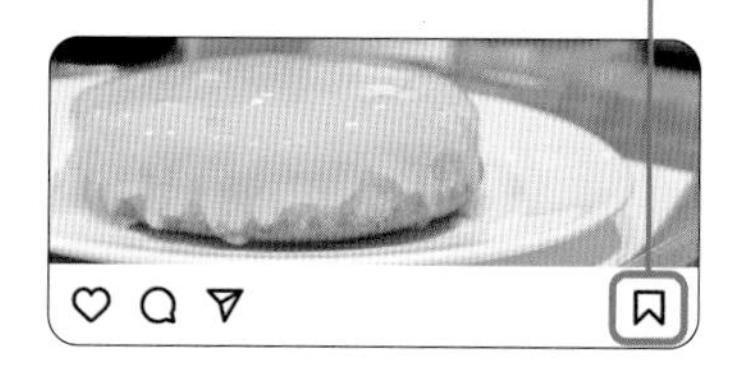

5 作成したコレクションの⊕をタップすると、保存が完了します。

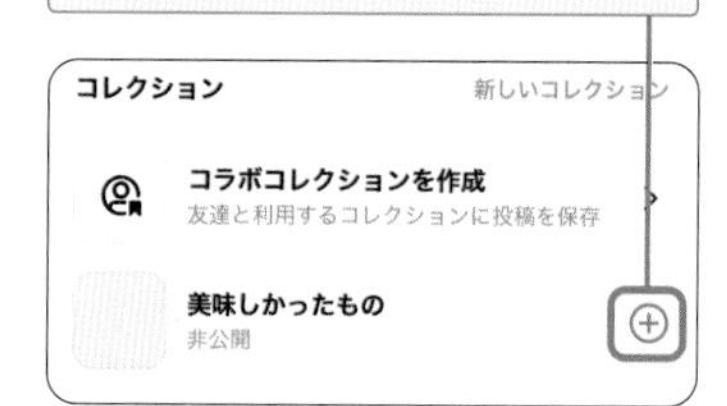

コレクションは他のユーザーに公開されることはありません。自分の投稿をジャンルごとに管理したいときなどに利用しましょう。

Section 78 フィードの表示を変更する

フィードにはフォロー中のユーザーの他におすすめの投稿が表示されますが、並び順を変更することで、フォロー中やお気に入りのユーザーの最新投稿を見逃しにくくなります。

フィードの表示を変更する

1 ホーム画面上部の［Instagram］をタップします。

2 ここでは［フォロー中］をタップします。

3 フォロー中のユーザーの投稿が時系列（新しい順）で表示されます。

4 手順3の画面でくをタップすると、通常のフィードに戻ります。

お気に入りにユーザーを追加する

1 P.164手順**2**の画面で［お気に入り］をタップします。

2 ［お気に入りに追加］（以降は☰）をタップします。

インスタグラムのアクティビティに基づき、デフォルトで「お気に入り」に追加されているユーザーが表示されます。「お気に入り」から外したいユーザーは、［削除］をタップします。

3 ［検索］をタップします。

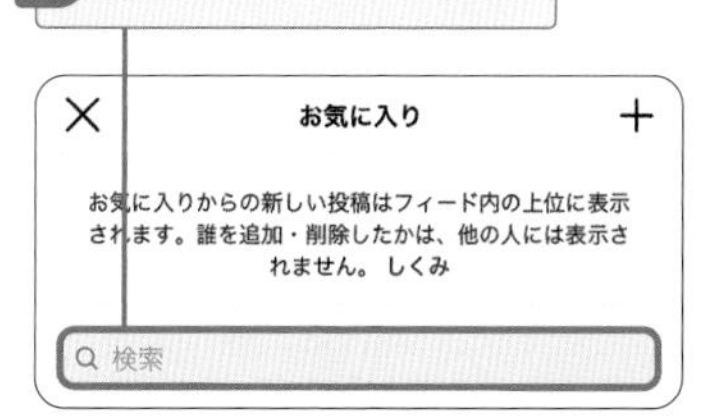

4 お気に入りに追加したいユーザーの名前やユーザーネームを入力し、

5 該当するアカウントの［アカウントを追加］→［完了］をタップします。

6 ［お気に入りを確認］をタップします。

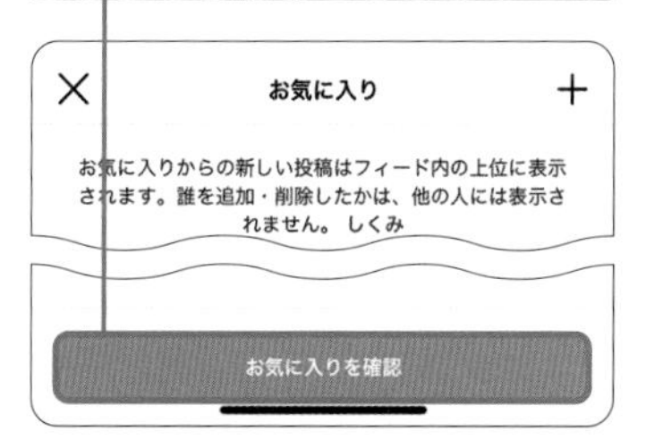

7 「お気に入り」に追加したユーザーの投稿が時系列（新しい順）で表示されます。

#投稿のピン留め　#プロフィールに固定　#ピン留めの解除

Section 79

お気に入りの投稿や動画をピン留めする

通常プロフィール画面の投稿一覧では、最新の投稿が上から順に表示されます。特定の投稿を目立たせたい場合は、ピン留めをして常に投稿一覧のトップに表示させておくことができます。

投稿をピン留めする

1 プロフィール画面の投稿一覧から、ピン留めしたい投稿をタップします。

リールを選択してピン留めすることも可能です。

2 …をタップします。

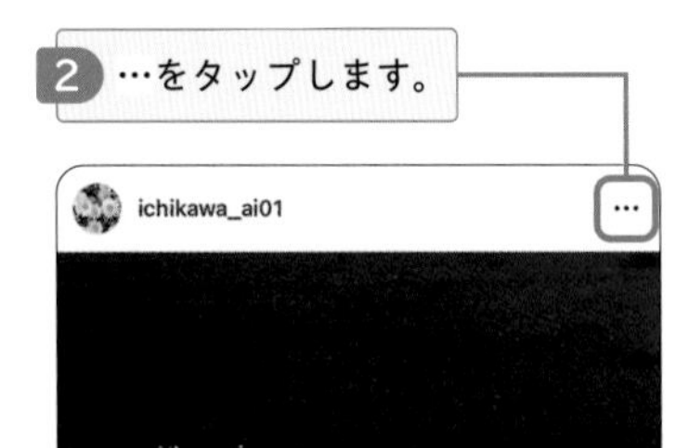

3 ［プロフィールに固定］をタップします。

4 投稿がトップに固定表示されるようになります。

ピン留めを解除する

1 プロフィール画面の投稿一覧から、ピン留めした投稿をタップします。

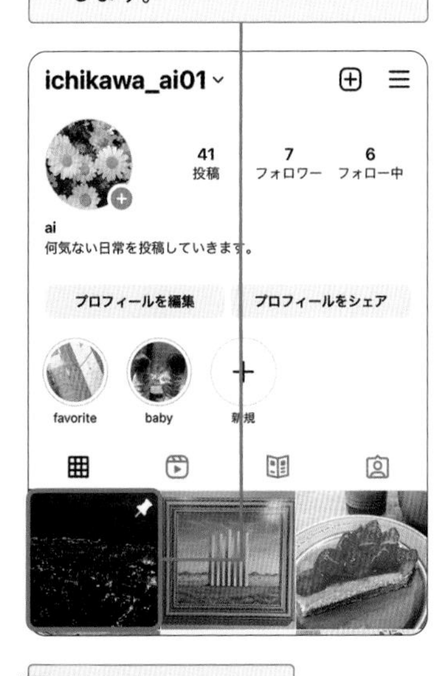

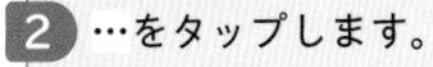
2 …をタップします。

3 [プロフィールから固定解除]をタップします。

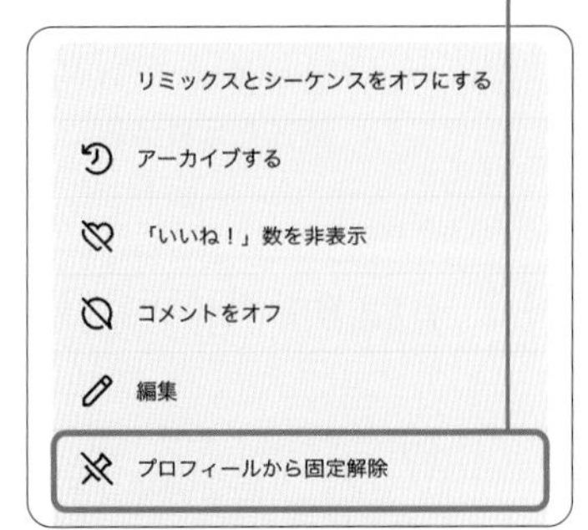

4 ピン留めが解除されます。

ピン留めできる投稿は3件まで

プロフィールのトップにピン留めできる投稿は、フィード投稿またはリール動画で、最大3件までを選択することができます。3件以上をピン留めしようとすると、古い投稿からピン留めが解除され、新しい投稿に置き換わります。

#いいね数の非表示　#閲覧数の非表示

Section 80

投稿の「いいね！」数と閲覧数を非表示にする

投稿に対する「いいね！」数は、人気の指標と捉えられることもあります。「いいね！」数を気にしたくないという場合は、投稿後または投稿前に非表示にすることができます。

公開済みの投稿の「いいね！」数を非表示にする

1 プロフィール画面の投稿一覧から、「いいね！」数を非表示にしたい投稿をタップします。

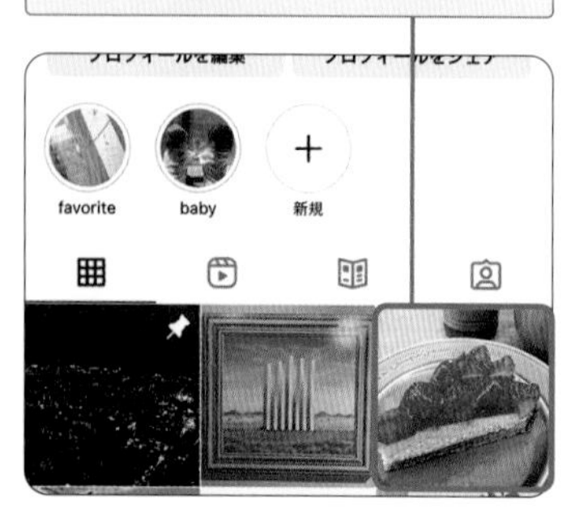

2 …をタップします。

3 [「いいね！」数を非表示]をタップします。

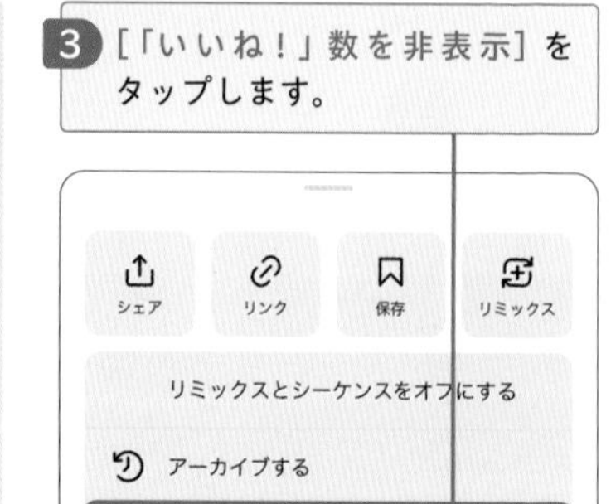

4 「いいね！」数が非表示になります。

公開時に投稿の「いいね！」数を非表示にする

P.028手順1～P.029手順4を参考にキャプションの入力まで進めます。

1 [詳細設定]をタップします。

2 「この投稿の「いいね！」数とビュー数を非表示」の をタップして にします。

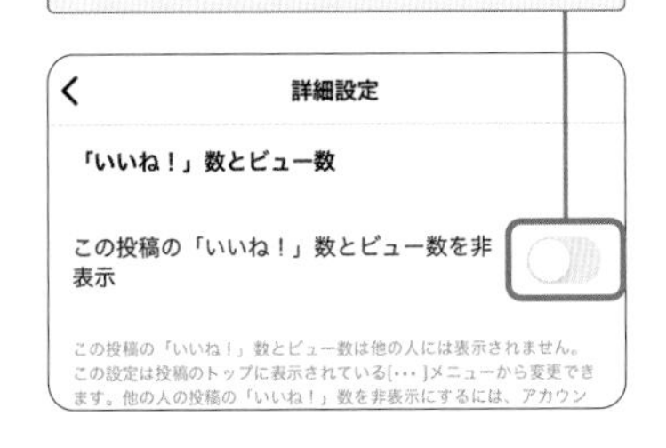

3 ＜をタップします。

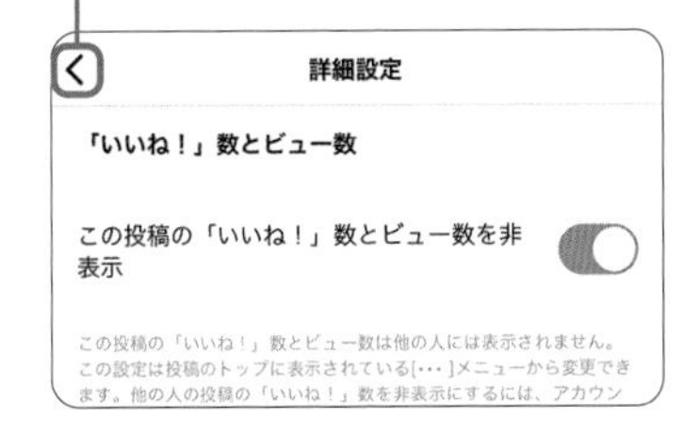

4 [シェア]をタップします。

5 投稿が完了します。

今後この投稿に「いいね！」が付いても、「いいね！」数は表示されません。

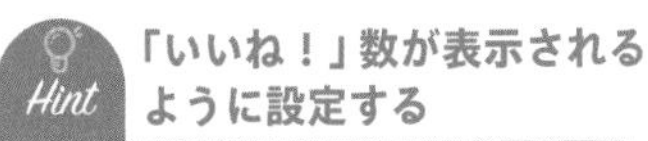

Hint 「いいね！」数が表示されるように設定する

「いいね！」数を再表示したい場合は、投稿の…をタップし、[「いいね！」数を表示する]をタップします。

コメントの非表示　# コメントのオフ

Section

81 投稿のコメントをオフにする

ネガティブなコメントを避けるために、投稿に対するコメントを非表示にしたい場合やコメントを受け付けたくないという場合は、投稿後または投稿前に非表示にすることができます。

公開済みの投稿のコメントを非表示にする

1 プロフィール画面の投稿一覧から、コメントを非表示にしたい投稿をタップします。

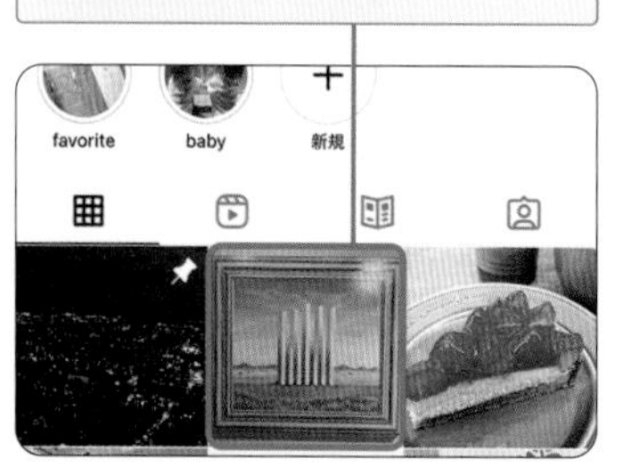

2 …をタップします。

3 ［コメントをオフ］をタップします。

リミックスとシーケンスをオフにする
アーカイブする
「いいね！」数を非表示
コメントをオフ
編集

4 コメントが非表示になります。

公開時に投稿のコメントをオフにする

P.028手順1～P.029手順4を参考にキャプションの入力まで進めます。

1 [詳細設定]をタップします。

2 「コメントをオフ」の をタップして にします。

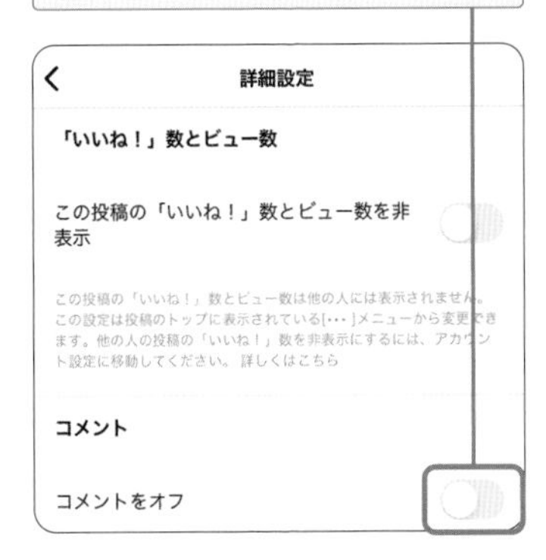

3 くをタップします。

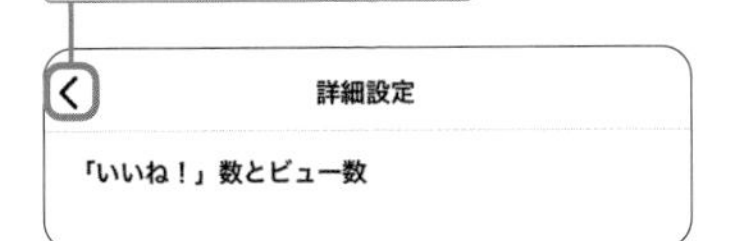

4 [シェア]をタップします。

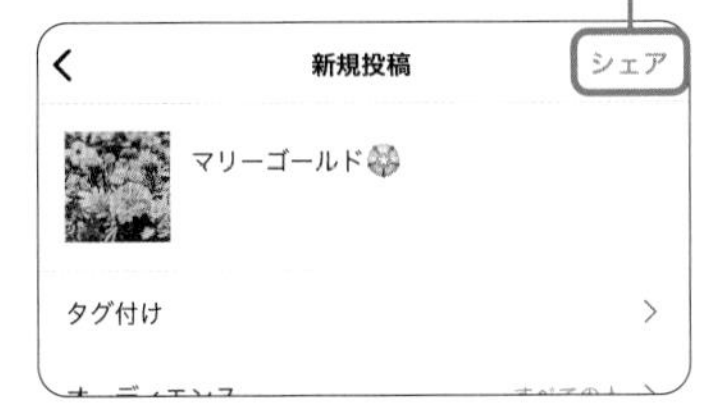

5 投稿が完了します。

 が表示されていないため、コメントを受け付けていない状態になります。

コメントが表示されるように設定する

コメントを再表示・受け付ける設定にしたい場合は、投稿の…をタップし、[コメントをオンにする]をタップします。

#Facebookの連携　#同時投稿　#連携の解除　#Threads

Section 82 Facebookと連携する

インスタグラムとFacebookを連携させることで、インスタグラム上で編集したコンテンツをインスタグラムとFacebookの両方に同時投稿できるようになります。

Facebookと連携する

1 プロフィール画面右上の☰をタップします。

2 ［アカウントセンター］をタップします。

3 ［プロフィール］をタップします。

4 ［アカウントを追加］をタップします。

5 ［Facebookアカウントを追加］をタップします。

追加するアカウントを選択してください

Facebookアカウントを追加

事前にFacebookアプリやブラウザでFacebookのアカウントにログインしておきます。

6 表示されているFacebookアカウントを確認し、［次へ］をタップします。

7 次の画面で［はい、追加を完了します］をタップします。

アカウントの追加を完了しますか？

これにより、あなたは弊社製品間で動作する機能に簡単にアクセスできるようになります。

あなたの情報は、このアカウントセンター内のアカウント全体で統合されます。用途は次のとおりです。

- コネクテッドエクスペリエンスをあなた自身で管理できるようになります
- あなたや他の人に合わせて広告をパーソナライズし、そのパフォーマンスを測定します
- あなたや他の人に合わせてコンテンツやおすすめを

スクロールすると、アカウント全体でのあなたの情報の用途についてチェックできます。

はい、追加を完了します

後で

8 Facebookと連携されていることが確認できます。

Threadsのアカウントを作成する

Meta社がX（旧Twitter）の対抗アプリとして提供を開始した「Threads」（スレッズ）は、インスタグラムのアカウントを利用して登録を行います。Threadsアプリをインストールして起動し、［Instagramでログイン］をタップすると、アカウントの作成画面が表示されます。［Instagramからインポート］をタップすると、インスタグラムで使用しているアカウントのプロフィール情報が同期されます。Threadsオリジナルのプロフィールを登録することも可能です。以降は画面の指示に従って登録操作を進めます。

Facebookに同時に投稿する

P.028手順1～P.029手順4を参考にキャプションの入力まで進めます。

1 「シェア先Facebook」の をタップして にします。

2 初回のみ[投稿をシェア]をタップします。

3 [シェア]をタップします。

4 インスタグラムとFacebookの同時投稿が完了します。

すべての投稿を自動で同時投稿する

上記では手動で1件ずつFacebookへ同時投稿する方法を説明しましたが、すべての投稿を自動で同時投稿させることもできます。プロフィール画面右上の≡→[アカウントセンター]→[プロフィール間のシェア]→インスタグラムのアカウントをタップし、「自動的にシェア」の各項目の をタップして にしましょう。

Facebookとの連携を解除する

P.172手順1を参考に「設定とアクティビティ」画面を表示します。

1 [アカウントセンター] をタップします。

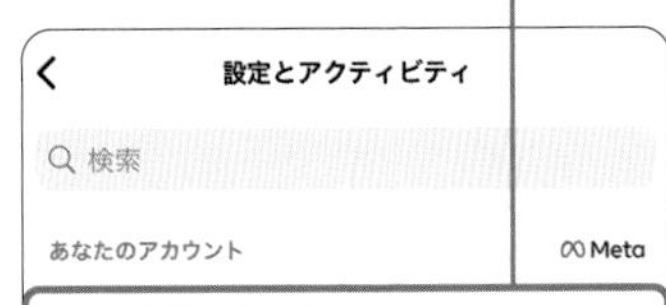

2 [アカウント] をタップします。

3 Facebookアカウントの [削除] をタップします。

4 [アカウントを削除] をタップします。

5 [次へ] をタップします。

6 [○○を削除] をタップすると、Facebookアカウントとの連携が解除されます。

6章 使い方が広がる！ インスタグラムの設定

#友達の招待　#メールで招待　#招待リンク

Section 83

未登録の人をインスタグラムに招待する

インスタグラムに登録していない友達を招待してみましょう。招待方法はSNSやメール、その他のアプリから選択可能で、相手は登録後に招待者をすぐフォローすることができます。

未登録の人をインスタグラムに招待する

1 プロフィール画面右上の☰をタップします。

2 [友達をフォロー・招待する]をタップします。

コメント
シェア・リミックス
制限中 0
やり取りの制限
非表示ワード
友達をフォロー・招待する
アプリとメディア

3 任意の招待方法（ここでは[メールで友達を招待]）をタップします。

友達をフォロー・招待する
SMSで友達を招待
メールで友達を招待
方法を選択して友達を招待

4 選択した招待方法で友達を招待します。

招待リンクからアカウントを登録する

1 インスタグラムへの招待のメッセージを受け取ったら、記載のリンクをタップします。

2 Instagramアプリをインストールしていない場合、App StoreまたはGoogle Playの画面が表示されます。

3 [入手]をタップしてアプリをインストールします。

4 アカウントの作成まで進みます。

5 受け取った招待リンクを再度タップすると招待者のプロフィール画面が表示されるので、[フォロー]をタップしてフォローします。

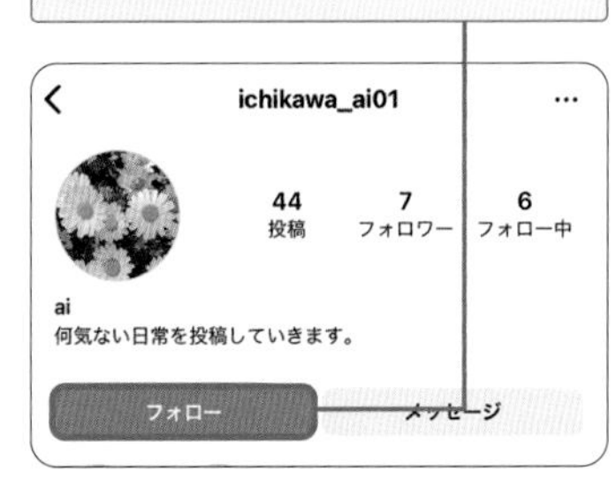

6 招待者は、お知らせやフォロワー一覧からフォローしてくれたユーザーをタップして確認します。

7 招待したユーザーに間違いがなければ、[フォローバックする]をタップしてフォローします。

#アカウントの公開　#非公開アカウント

Section 84
アカウントを特定の人だけに公開する

特定の人のみにアカウントを公開したい場合は、フォローを承認制にできる「非公開アカウント」に切り替えましょう。なお、既存のフォロワーは非公開後でも閲覧が可能となっています。

アカウントを特定の人だけに公開する

1 プロフィール画面右上の☰をタップします。

2 [アカウントのプライバシー] をタップします。

3 「非公開アカウント」の ◯ をタップします。

アカウントのプライバシー設定

非公開アカウント

アカウントが「公開」に設定されている場合、プロフィールや投稿はFacebook内外のすべての人に表示され、これにはInstagramアカウントを持っていない人も含まれます。

アカウントが非公開になっている場合、承認したフォロワー以外には、ハッシュタグのついた写真や動画、位置情報ページを含むあなたがシェアするコンテンツ、フォロワー、フォロー中の人のリストは表示されません。

4 [非公開に切り替える] をタップします。

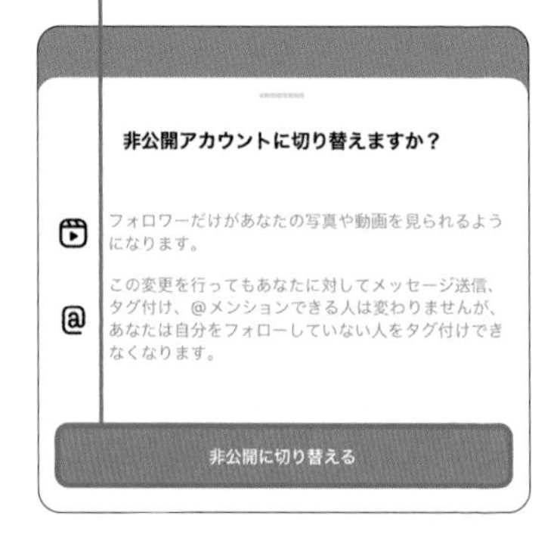

5 非公開アカウントに切り替わります。

アカウントのプライバシー設定

非公開アカウント

アカウントが「公開」に設定されている場合、プロフィールや投稿はFacebook内外のすべての人に表示され、これにはInstagramアカウントを持っていない人も含まれます。

アカウントが非公開になっている場合、承認したフォロワー以外には、ハッシュタグのついた写真や動画、位置情報ページを含むあなたがシェアするコンテンツ、フォロワー、フォロー中の人のリストは表示されません。

公開アカウントに戻す場合は、をタップして[公開に切り替える]をタップします。

6 フォローされていないユーザーからは、投稿やフォロー・フォロワーが閲覧できない状態になります。

フォローリクエストを承認する

1 非公開アカウントの状態でフォローされると、フォローリクエストが届きます。

2 お知らせやフォロワー一覧から[フォローリクエスト]をタップします。

3 ユーザーをタップします。

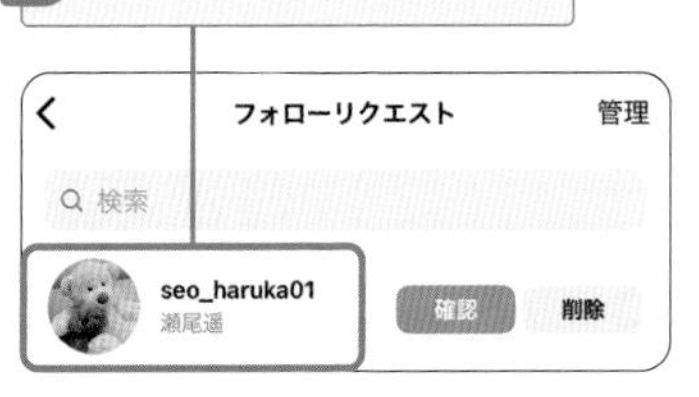

4 [確認]をタップするとフォローリクエストが承認され、相手にフォローされます。

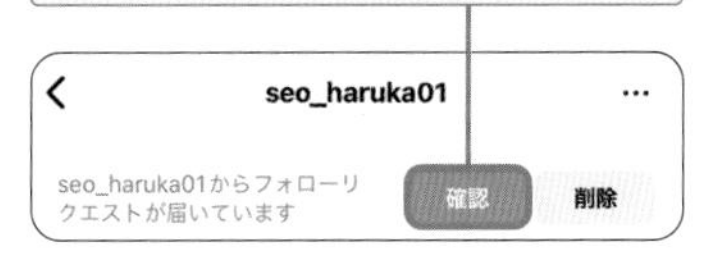

[削除]をタップすると、フォローリクエストを拒否できます。

5 承認後は、必要に応じて[フォローバックする]をタップしてフォローします。

Section 85 複数のアカウントを作成する

インスタグラムでは、複数のアカウントを作成できます。日常的に使用しているメインアカウントとは別にプライベートなサブアカウントを作成したい、という場合などに利用してみましょう。

別のアカウントを作成する

1 プロフィール画面右上の≡をタップします。

2 [アカウントを追加]をタップします。

3 [新しいアカウントを作成]をタップします。

4 使用したい「ユーザーネーム」を入力し、

5 [次へ]をタップします。

6 使用したい「パスワード」を入力して［次へ］をタップし、

7 ［登録を完了］をタップします。

8 画面の指示に従って操作を進めると、アカウントが作成されます。

アカウントを切り替える

1 プロフィール画面上部のユーザーネームをタップします。

2 切り替えたいアカウントをタップします。

3 アカウントが切り替わります。

画面下部のプロフィールアイコンを2回タップすることでも、アカウントが切り替わります。

Section

86 プロアカウントとは

プロアカウントは、個人用アカウントとは異なるビジネス向けのアカウントです。著名人や個人事業主、企業やブランドなどの幅広いビジネスやマーケティングに利用されています。

プロアカウントとは

「プロアカウント」とは、インスタグラムで利用できるビジネス用のアカウントを指します。プロアカウントには、公人・著名人、コンテンツプロデューサー、アーティスト、インフルエンサーなどに適した「クリエイターアカウント」と、小売店、ローカルビジネス、ブランド、組織、サービスプロバイダーなどに適した「ビジネスアカウント」の2つがあります。プロアカウントにはさまざまな機能があるので、上手に活用して、ビジネス拡大に役立てましょう。
プロアカウントは無料で誰でも作成可能で、現在利用している個人用アカウントをプロアカウントに切り替えたり（P.184～P.185参照）、1からプロアカウントを作成したりすることができます。なお、プロアカウントは非公開アカウントに切り替えることはできません。
インスタグラムの公式サイトでは、プロアカウントの有効的な使い方やアドバイスの紹介、ハウツーガイドなどが公開されているので、どのようにプロアカウントを育てていけばよいかを知りたい場合は、ぜひ確認してみましょう（https://business.instagram.com/getting-started?locale=ja_JP）。

Instagramでビジネスを始める

毎日2億以上のビジネスアカウントに人々がアクセスしています。その1つになりましょう。

プロアカウントでできること

プロアカウントでは、ビジネスを拡大させるためのさまざまな機能を利用できます。なお、クリエイターアカウントとビジネスアカウントで利用きる機能が異なる場合があります。

カテゴリや連絡先の表示

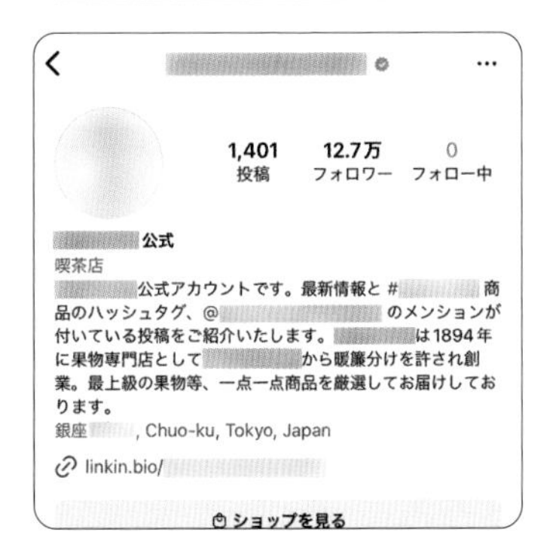

アカウントのカテゴリ（店舗やサービス）や住所、連絡先などを表示できます。

ショッピング機能の利用

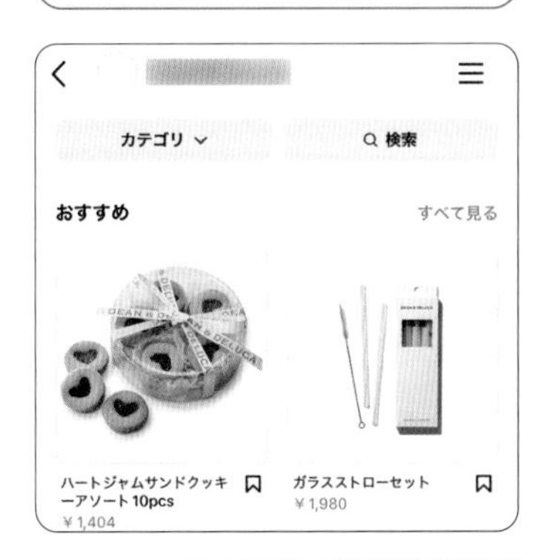

インスタグラムのネットショップを開設できます。自社のECサイトとの連携も可能です。

広告の出稿

ターゲットを細かく設定した有料広告をインスタグラムで出稿できます。

インサイトの利用

アカウントのパフォーマンスやコンテンツの統計情報を確認できます（P.188～P.189参照）。

Section 87 プロアカウントに切り替える

プロアカウントは、個人用アカウントを切り替えるか、1から作成することで利用できます。ここでは、既存の個人用アカウントをプロアカウントに切り替える方法を解説します。

プロアカウントに切り替える

1 プロフィール画面右上の≡をタップします。

2 ［アカウントの種類とツール］をタップします。

3 ［プロアカウントに切り替える］をタップします。

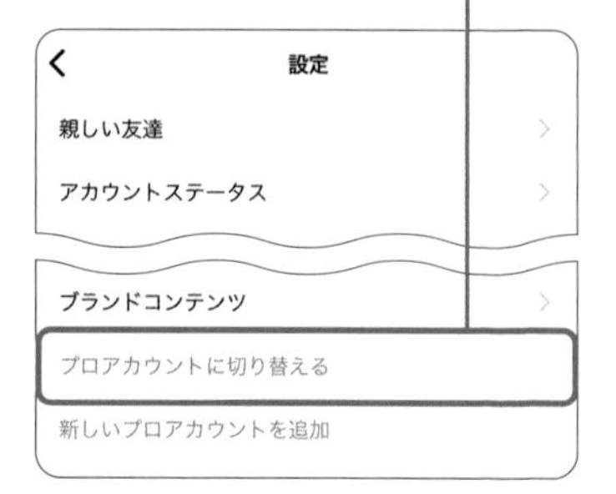

新しくプロアカウントを作成したい場合は、［新しいプロアカウントを追加］をタップします。

4 ［次へ］をタップします。

5 アカウントに当てはまるカテゴリ（ここでは［ブロガー］）にチェックを付け、

6 ［完了］をタップします。

7 ［クリエイター］または［ビジネス］にチェックを付け、

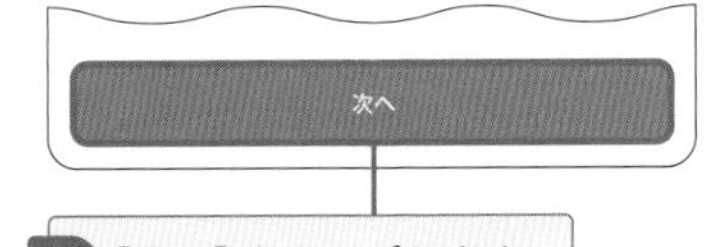

8 ［次へ］をタップします。

9 ［OK］をタップします。

既存のアカウントとログイン情報を共有する場合は［次へ］をタップします。

10 ［後で］をタップします。

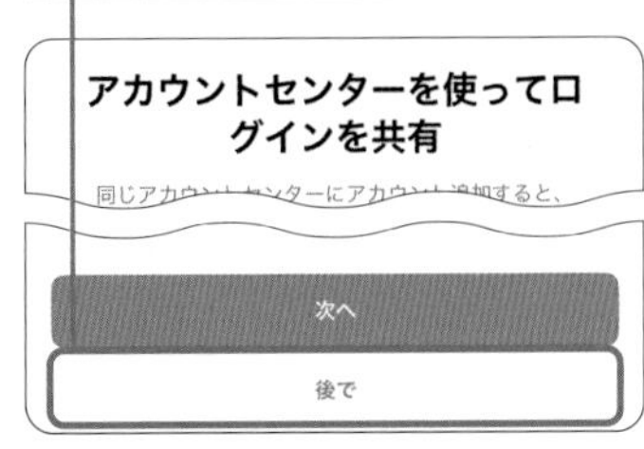

11 ×をタップします。

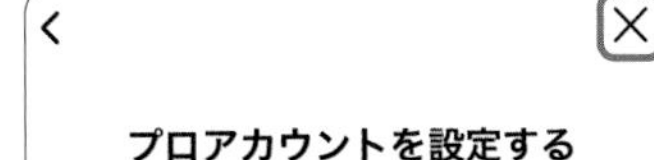

12 個人用アカウントがプロアカウントに切り替わります。

#プロアカウント #基本画面

Section 88

プロアカウントの基本画面を確認する

プロアカウントでは、「プロフェッショナルダッシュボード」や「クリエイター／ビジネス」などの画面からさまざまな機能を利用できます。各画面の機能を確認して、運用に役立てましょう。

プロアカウントの基本画面

プロアカウントには、個人用アカウントでは利用できない画面や機能があります。ここでは、プロフィール画面、プロフェッショナルダッシュボード画面、クリエイター／ビジネス画面を解説します。

なお、クリエイター／ビジネス画面の名称は、選択したカテゴリによって異なります。P.185手順7で「クリエイター」を選択した場合はクリエイター画面、「ビジネス」を選択した場合はビジネス画面が表示されます。

プロフィール画面

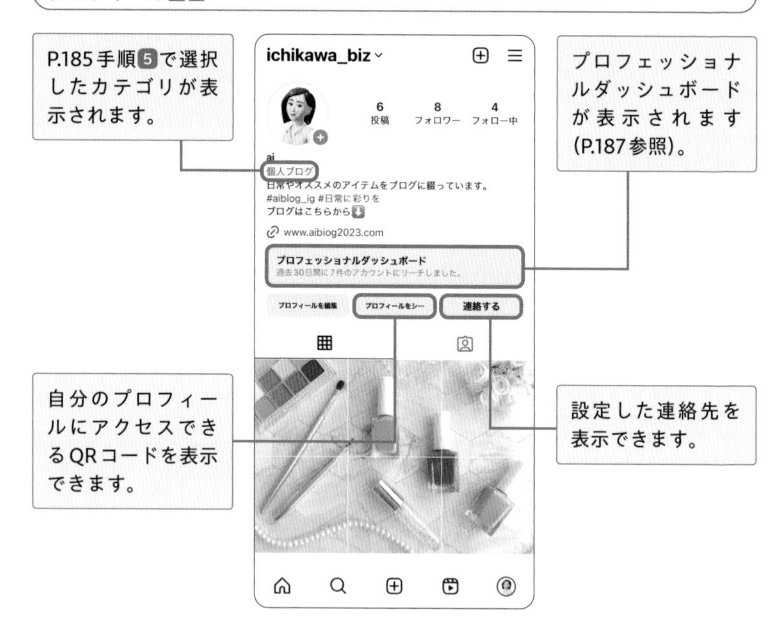

プロフェッショナルダッシュボード画面

各項目をタップしてインサイトを確認できます(P.188～P.189参照)。

クリエイター／ビジネス向けのさまざまな機能や設定を確認できます(下記「クリエイター／ビジネス画面」参照)。

インスタグラムで配信する広告の設定や管理ができる「パートナーシップ広告」と「広告ツール」、タイアップ投稿の管理ができる「ブランドコンテンツ」などの項目を確認できます。

プロアカウントを運用するための「ヒント」、「その他の役立つリソース」を確認できます。

クリエイター／ビジネス画面

広告やタイアップ投稿に関する設定や管理ができます。

よくある質問の追加、よくある質問への返信テンプレートを作成できます。

投稿するコンテンツの表示を一定の年齢以上に制限できます。

収益化の状況を確認できます。

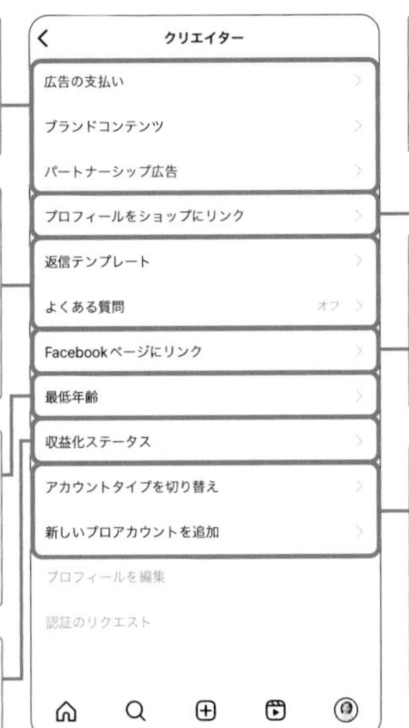

プロフィールにショップのリンクを追加できます。

Facebookページをインスタグラムのアカウントにリンクできます。

プロアカウントを個人用アカウントに戻したり、新しいプロアカウントを追加したりできます。

#プロアカウント #インサイト #分析 #統計

Section
89 インサイトの見方

インサイトは、プロアカウントに関するさまざまな指標を詳細に閲覧できる機能です。アカウントを効率的に運用していくための分析や方針を考えていくことにも役立ちます。

インサイトとは

プロアカウントでは、「インサイト」という分析機能を利用できます。アカウントのパフォーマンス、活動に関するデータや統計情報などを詳細に確認できるため、投稿の影響やフォロワーの動向を把握し、インスタグラムの投稿戦略やコンテンツの最適化に役立てることができます。
以下の操作を参考に「インサイト」画面を表示すると、「リーチしたアカウント数」「アクションを実行したアカウント」「合計フォロワー」「あなたがシェアしたコンテンツ」の情報を確認できます (P.189参照)。
なお、アカウントによって表示される項目が異なる場合があります。

1 プロフィール画面右上の☰をタップし、

設定とアクティビティ
Instagramの利用方法
保存済み
アーカイブ
アクティビティ
お知らせ
利用時間
プロフェッショナル向け
インサイト

2 [インサイト]をタップします。

3 インサイトが表示され、各項目から詳細を確認できます。

インサイト
過去7日間 9月27日 - 10月3日
概要
インサイトに定期的にアクセスして、コンテンツのパフォーマンスをチェックしよう。
リーチしたアカウント数 7
アクションを実行したアカウント 8

プロフィール画面で[プロフェッショナルダッシュボード]をタップすることでも、インサイトを表示できます (P.186参照)。

インサイトで確認できる項目

リーチしたアカウント数

リーチ

過去30日間 ∨　9月4日 - 10月3日

7

リーチしたアカウント数

前のサイクルと比較して30日間のコンテンツの閲覧状況を確認できます。

リーチしたオーディエンス ⓘ

投稿、ストーリーズ、リール、ライブなど、広告を含むコンテンツを1回以上閲覧したユニークアカウントの数が表示されます。

アクションを実行したアカウント

インサイト

過去30日間 ∨　9月4日 - 10月3日

8

アクションを実行したアカウント

前のサイクルと比較した30日間のコンテンツにおけるアクションの実行状況を確認できます。

アクションを実行したオーディエンス ⓘ

コンテンツに対する「いいね！」、保存、コメント、シェア、返信などのアクションを起こしたアカウントの数が表示されます。

合計フォロワー

フォロワー

過去30日間 ∨　9月4日 - 10月3日

8

フォロワー

フォロワーが100人以上いる場合は、フォロワーの詳細を確認することができます。

アカウントのフォロワーの合計数が表示されます。フォロワーの性別、年齢層、居住地、アクティブな時間を確認できます。

あなたがシェアしたコンテンツ

コンテンツ

すべて　過去30日間

リーチしたアカウント

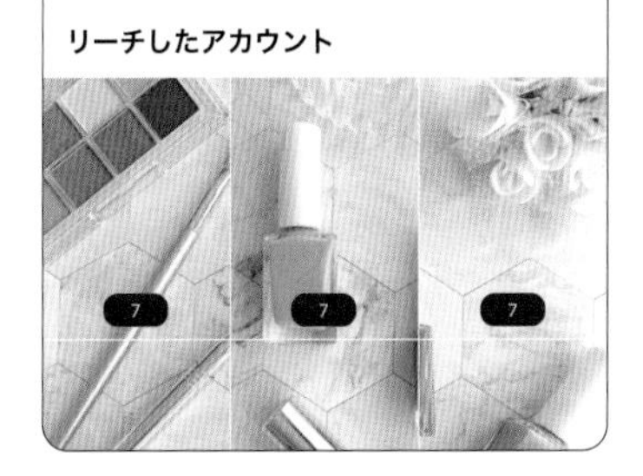

選択した期間にシェアした投稿、ストーリーズ、リール、ライブなど、アクティブな広告を含むコンテンツの数が表示されます。

Section 90 データの使用量を節約する

インスタグラムは、写真や動画が主なコンテンツのため、モバイルデータの使用量を大きく消費する場合があります。少しでも使用量を抑えるために、インスタグラムから設定を行いましょう。

データの使用量を節約する

1 プロフィール画面右上の≡をタップします。

2 [メディアの画質]をタップします。

3 「モバイルデータを節約」のをタップしてにします。

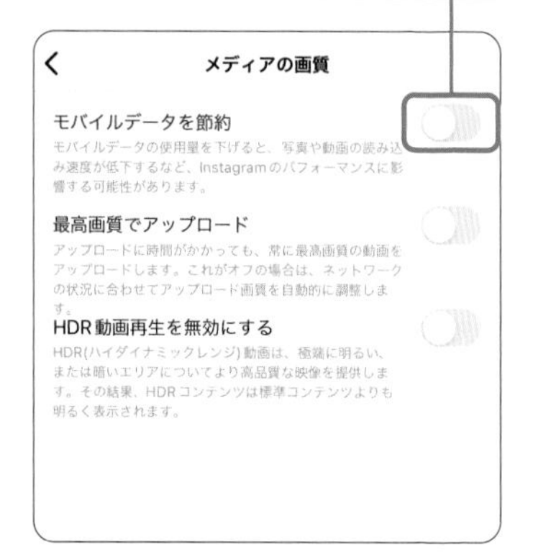

Memo 最高画質でアップロード

インスタグラムで投稿する動画は、ネットワークの状況に応じて画質が自動調整されます。手順3の画面で「最高画質でアップロード」のをタップしてにすると、常に最高画質で投稿できるようになります。なお、投稿には時間がかかる場合があります。

第7章

よくある疑問・困りごと

#通知　#お知らせ

Section

91 通知の設定を変更したい

インスタグラムでは、プッシュ通知のオン／オフを切り替えるだけでなく、通知の受け取り時間帯を設定したり、コンテンツごとに通知を変更したりすることができます。

プッシュ通知の設定を変更する

1 プロフィール画面右上の☰をタップします。

2 ［お知らせ］をタップします。

3 「すべて停止」の をタップします。

4 プッシュ通知を停止したい時間をタップします。

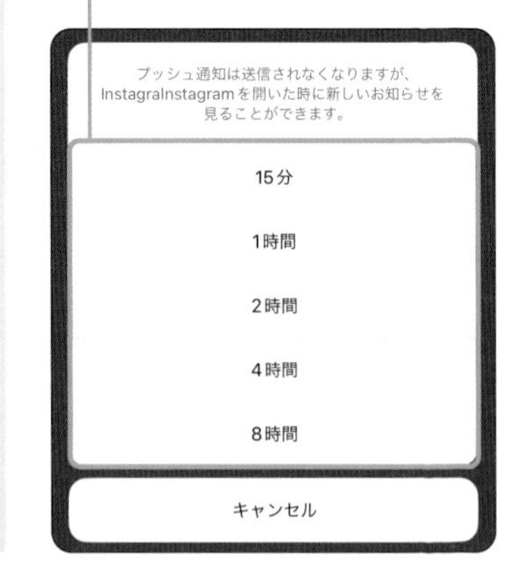

通知を受け取る時間帯を設定する

1 P.192手順**3**の画面で[静かモード]をタップします。

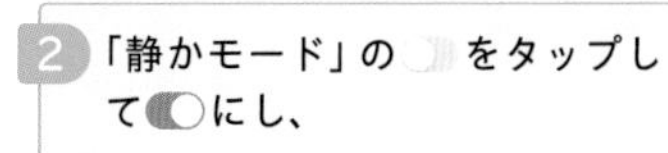

2 「静かモード」の をタップして にし、

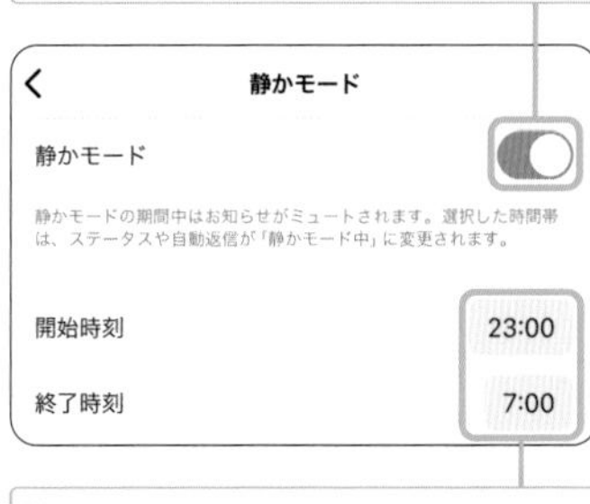

3 静かモードの開始時刻と終了時刻を入力します。

コンテンツごとに通知の設定を変更する

1 P.192手順**3**の画面で通知の設定を変更したい項目（ここでは[投稿、ストーリーズ、コメント]）をタップします。

2 任意の項目の通知設定をタップして変更します。

インスタグラムのすべての通知をオフにする

インスタグラムのすべての通知をオフにする場合は、スマートフォンの設定アプリから操作を行います。iPhoneでは[設定]→[通知]→[Instagram]→「通知を許可」の をタップし、Androidでは[設定]→[アプリと通知]→[Instagram]→[通知]→「通知の表示」の をタップします。

Section 92

興味のない投稿を非表示にしたい

フィードに表示されるコンテンツの中には、時に関心のない投稿もあるでしょう。そういったコンテンツは、1件ずつ非表示にすることができます。不適切な投稿に対しては報告も可能です。

興味のない投稿を非表示にする

1 非表示にしたい投稿の…をタップします。

2 [興味がない]をタップします。

3 投稿が非表示になります。

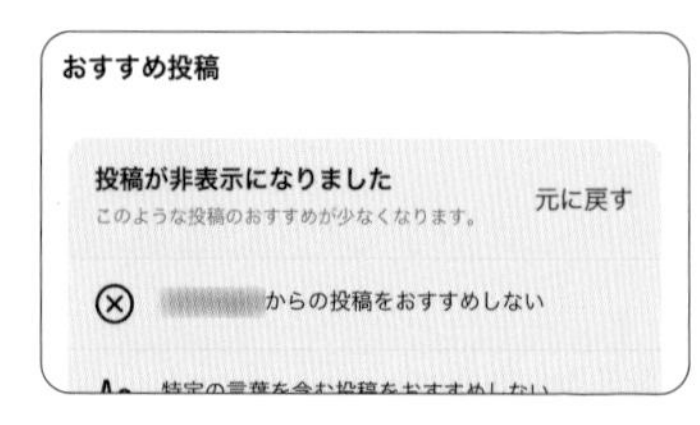

該当アカウントからの投稿をすべて非表示にしたい場合は、[○○からの投稿をおすすめしない]をタップします。

Memo 非表示にした投稿を元に戻す

非表示にした投稿を元に戻す場合は、手順3の画面で[元に戻す]をタップします。これまでに非表示にした複数をすべて確認するには、P.195手順3の画面で[興味がない]をタップします。任意の投稿をタップし、…→[興味あり]をタップすることでも、非表示にした投稿を元に戻せます。

おすすめの投稿を非表示にする

1 プロフィール画面右上の☰をタップします。

2 [おすすめのコンテンツ] をタップします。

3 「おすすめの投稿をフィードで一時休止する」の をタップします。

4 に切り替わり、一時的にフィードにおすすめの投稿が表示されなくなります。

非表示にしたい投稿のキーワードを追加する

手順3の画面で [特定の言葉やフレーズ] をタップし、任意のキーワードや絵文字などを追加すると、ハッシュタグやキャプションにそのキーワードが含まれている投稿が非表示になります。

言葉やフレーズ　完了
副業
複数の言葉、フレーズ、絵文字を追加できます。リストはいつでも変更できます。

#ストーリーズ #リール #スマートフォンへの保存

Section 93

ストーリーズやリールをスマートフォンに保存したい

インスタグラムで編集した写真や動画は、作成中または投稿後に保存することができます。なお、音楽を使用している動画は著作権を侵害しないために無音になる場合があります。

ストーリーズをスマートフォンに保存する

1 投稿したストーリーズを表示し、[その他]をタップします。

ストーリーズの投稿時に動画を保存することも可能です。P.082手順4の画面で…→[保存]の順にタップしましょう。

2 [保存]をタップします。

3 [動画を保存]または[ストーリーズを保存]をタップすると、スマートフォンにストーリーズの動画が保存されます。

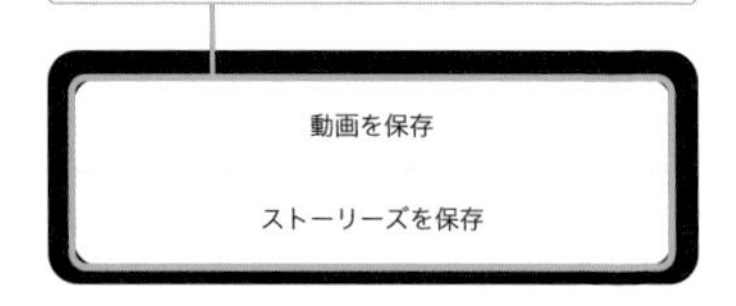

[動画を保存]をタップすると表示されている動画のみが保存され、[ストーリーズを保存]をタップするとそのとき投稿されているストーリーズが1本の動画として保存されます。

リールをスマートフォンに保存する

1 投稿したリールを表示し、…をタップします。

リールの投稿時に動画を保存することも可能です。P.102手順7の画面で↓をタップしましょう。

2 [ダウンロード] をタップします。

3 インスタグラムで用意されている音楽をリールに使用している場合、このような画面が表示されることがあります。

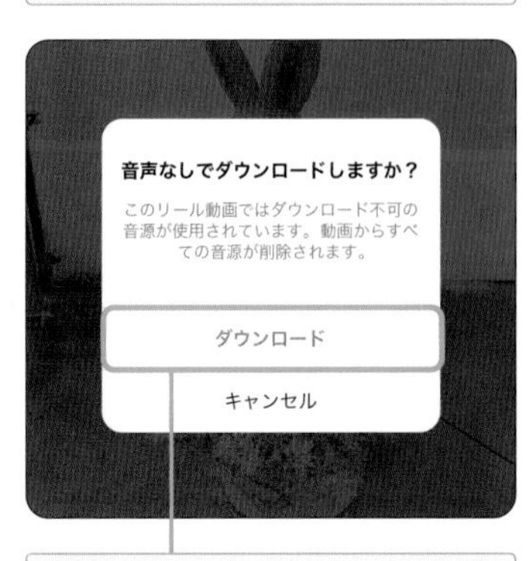

4 [ダウンロード] をタップすると、スマートフォンにリールの動画が保存されます。

Hint アーカイブから動画を保存する

ストーリーズとリールは、アーカイブからも保存することができます。プロフィール画面右上の☰→[アーカイブ] をタップし、[ストーリーズアーカイブ] や [投稿アーカイブ] をタップしたら、任意の投稿を選択して保存しましょう。

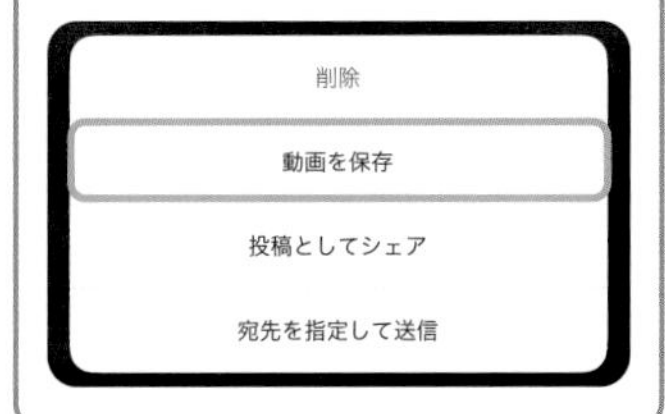

Section 94 投稿を下書きに保存したい

加工した写真や動画を後で投稿したい場合、一時的に下書きに保存しておくことができます。なお、下書きを保存できる期間はフィードとリールは無期限、ストーリーズは7日間です。

投稿を下書きに保存する

ここではフィードへの写真の投稿を下書きに保存する方法を解説します。P.028手順1～P.029手順4を参考にキャプションの入力まで進めます。

1 画面左上の＜をタップします。

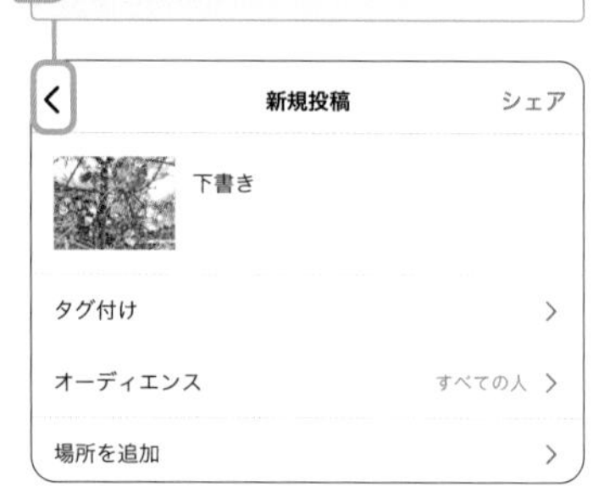

2 再度＜をタップします。

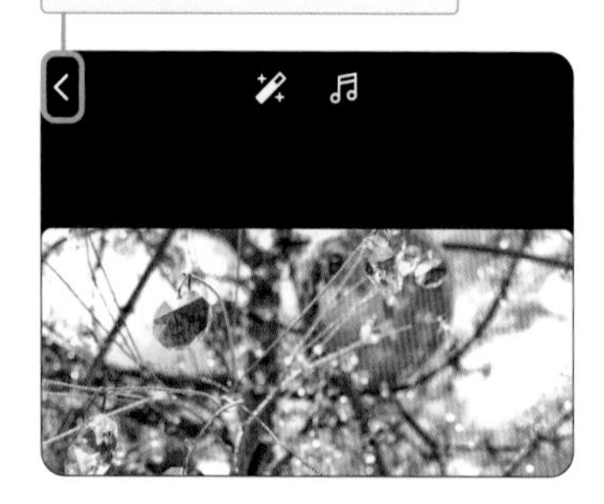

3 ［下書きを保存］をタップします。

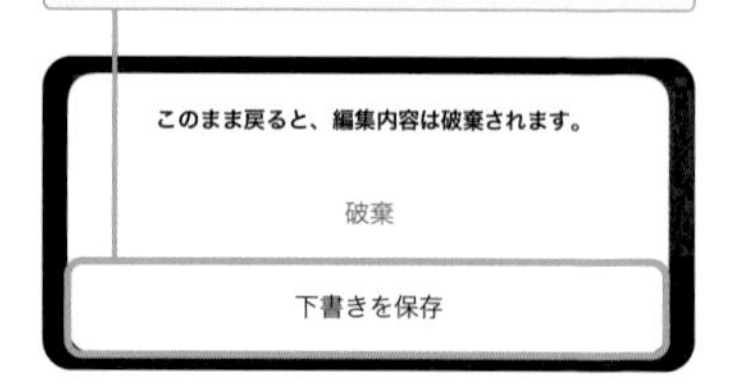

写真のフィルター追加、キャプションの入力、タグ付けなどといった変更を加えていないと、この画面は表示されません。

4 「新規投稿」画面に戻り、「下書き」の項目が追加されます。

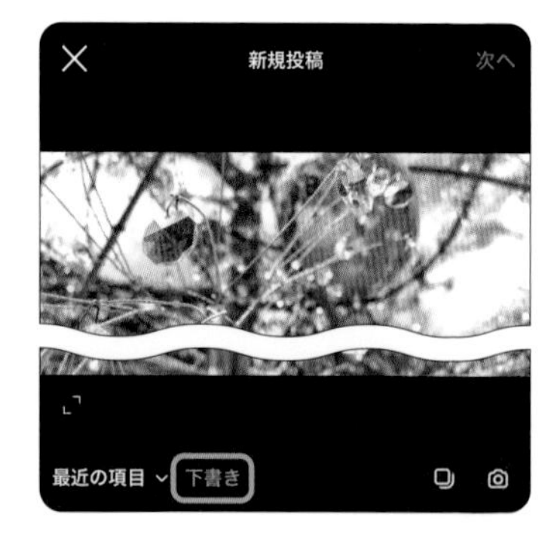

下書きを編集して投稿する

1 「新規投稿」画面で［下書き］をタップし、

2 編集したい写真をタップして、

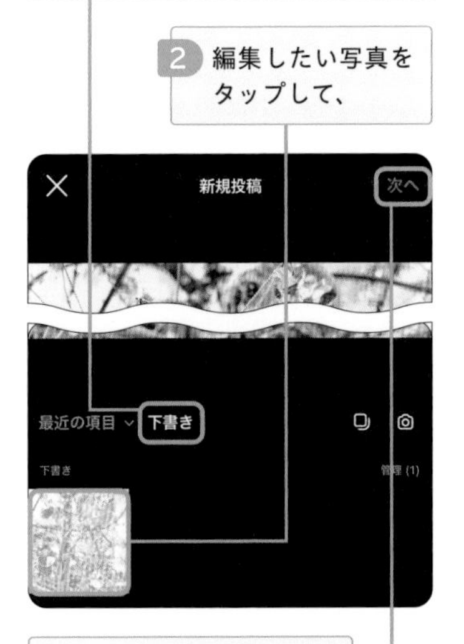

3 ［次へ］をタップします。

4 必要に応じてキャプションやその他の項目を編集し、

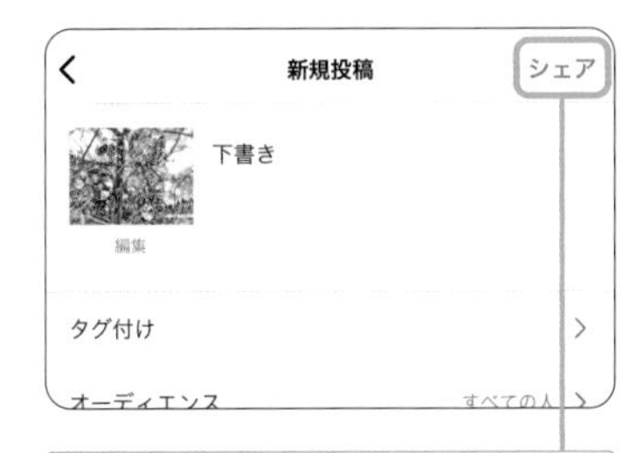

5 ［シェア］をタップすると、投稿が完了します。

下書きを破棄する場合は、手順1の画面で［管理］をタップし、［編集］をタップして破棄したい写真にチェックを付けたら、［完了］→［投稿を破棄］をタップします。

Hint ストーリーズやリールの投稿を下書きに保存する

ストーリーズの投稿を下書きに保存する場合は、P.081手順1～P.082手順3を参考に操作を進め、<→［下書きを保存］をタップします。下書きを編集するには、P.085手順2の画面で［下書き］をタップします。リールの投稿を下書きに保存する場合は、P.101手順1～P.103手順6を参考に操作を進め、［下書きを保存］をタップします。下書きを編集するには、P.101手順3の画面で［下書き］をタップします。

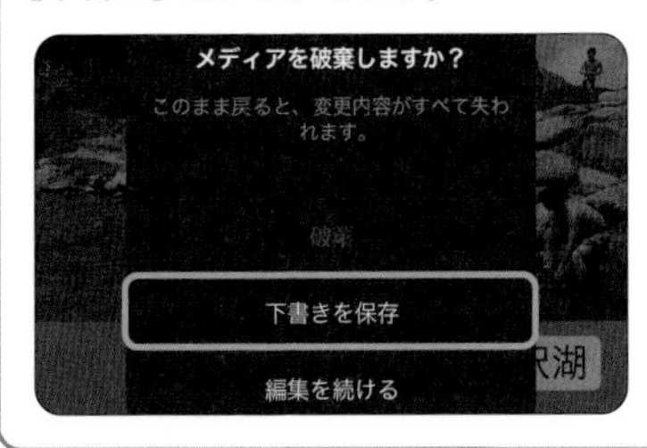

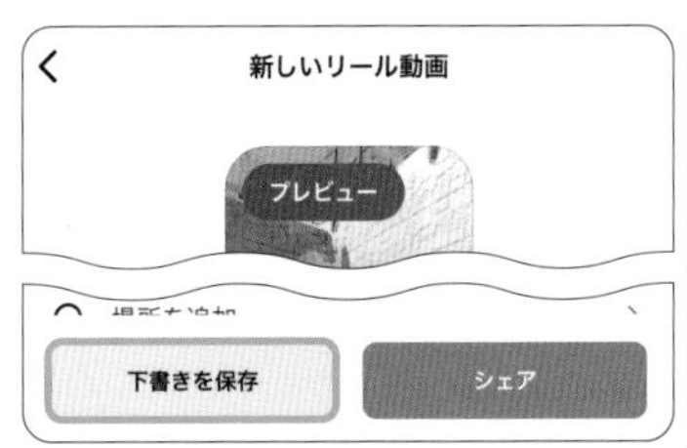

Section 95

投稿した写真を非公開にしたい

一度公開した投稿を非表示にしたい場合は、「アーカイブ」機能を利用しましょう。アーカイブした投稿は自分しか閲覧できない保管場所に移動し、プロフィール上では非表示になります。

投稿をアーカイブする

1 プロフィール画面の投稿一覧から、アーカイブしたい投稿をタップします。

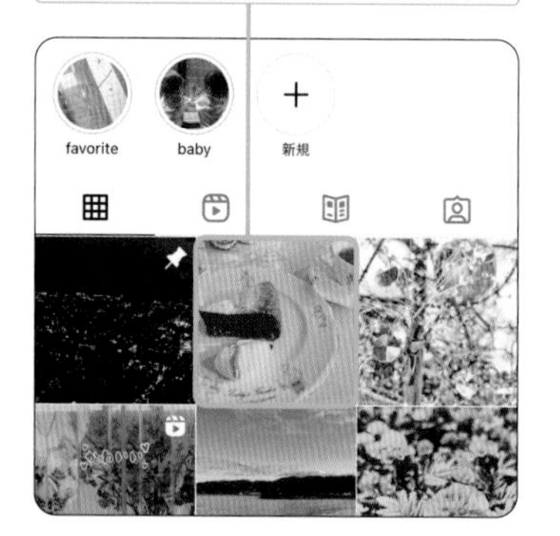

2 …をタップします。

3 ［アーカイブする］をタップします。

4 投稿がアーカイブされ、投稿一覧やフィードでは非表示になります。

アーカイブした投稿を再表示する

1 プロフィール画面右上の☰をタップし、

2 [アーカイブ] をタップします。

3 表示コンテンツを [投稿アーカイブ] にし、

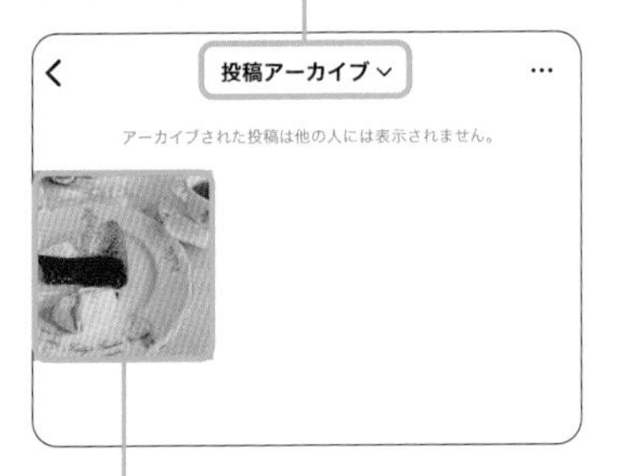

4 再表示したい投稿をタップします。

5 …をタップし、

6 [プロフィールに表示] をタップします。

7 投稿一覧に再表示されます。

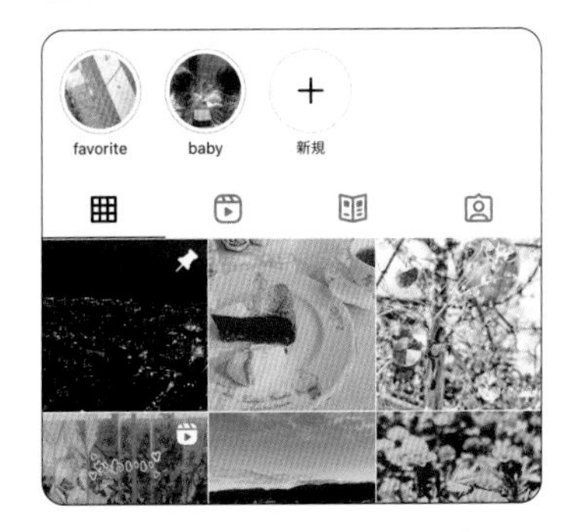

アーカイブした投稿を削除する

手順5の画面で [削除] をタップすると、アーカイブした投稿が削除されます。もしアーカイブ後に削除してしまった投稿を復元したくなった場合は、P.041の方法で復元することが可能です。なお、復元した投稿は投稿一覧には表示されず、「投稿アーカイブ」内に戻ります。

Section

96 投稿を編集したい

投稿後のコンテンツは、キャプションやハッシュタグの修正、位置情報やアカウントのタグなどの追加・削除が可能です。なお、写真や動画の編集や差し替えなどは行えません。

投稿を編集する

1 編集したい投稿の…をタップします。

2 ［編集］をタップします。

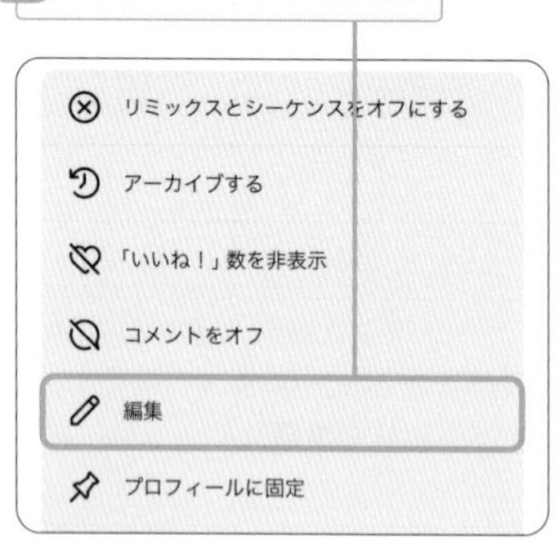

3 任意の編集を行い（ここではキャプション）、

4 ［完了］をタップします。

5 投稿が編集されます。

Section 97 ストーリーズの閲覧履歴を確認したい

ストーリーズを投稿した本人のみ、誰がそのストーリーズを見たのかを一覧で確認することができます。なお、投稿から48時間以上経過すると、閲覧履歴は非表示になります。

ストーリーズの閲覧履歴を確認する

P.094を参考に閲覧履歴を確認したいストーリーズを表示します。

1 ［アクティビティ］をタップするか、画面を上方向にスワイプします。

2 ストーリーズを閲覧したアカウントが表示されます。

閲覧者がいない場合、手順1の［アクティビティ］は表示されません。

ハイライトの閲覧履歴を確認する

ハイライトも同様に閲覧履歴を確認することができます。なお、ハイライトもストーリーズと同様に、48時間以上経過した投稿の閲覧履歴は非表示になります。

Section

98 インスタグラムからのメール配信を停止したい

インスタグラムから配信されるメールは、項目ごとにオン／オフを切り替えることができます。本当に必要な情報のみを受け取れるよう、事前に設定しておきましょう。

メール配信を停止する

1 プロフィール画面右上の☰をタップします。

2 [お知らせ] をタップします。

3 [お知らせメール] をタップします。

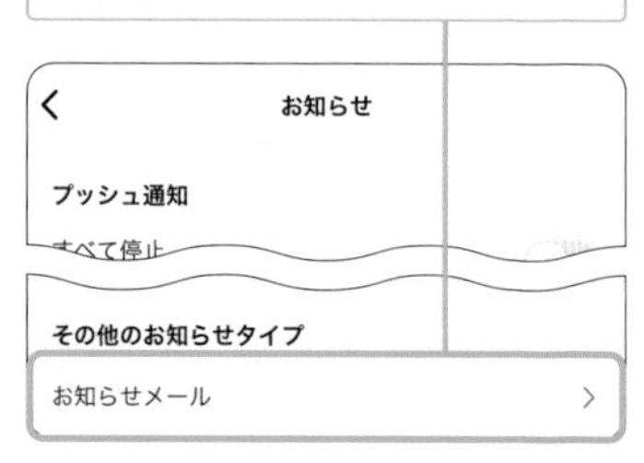

4 お知らせメールを停止したい項目の [オフ] をタップすると、今後メールが届かなくなります。

お知らせメール
フィードバックメール
オフ
オン
Instagramへのフィードバックや調査アンケートに関するお知らせを受信します。
リマインダーメール
オフ
オン

Section 99

他のアカウントの投稿をストーリーズでシェアしたい

P.056では、他のアカウントのフィードの投稿をメッセージでシェアする方法を解説しました。ここでは、他のアカウントの投稿をストーリーズでシェアする方法を解説します。

投稿をストーリーズでシェアする

1 シェアしたい投稿の▽をタップします。

2 [ストーリーズに追加] をタップします。

3 ストーリーズの作成画面が表示されます。

Memo 投稿の表示デザインを変更する

手順3の画面でシェアする投稿の写真をタップすると、デザインが変更されます。

4 必要であればP.086～P.091を参考に調整や加工などを行い、→をタップします。

5 公開範囲を設定し、

6 [シェア]→[完了]をタップします。

シェアした投稿を確認する

1 投稿をシェアしたストーリーズを表示し、投稿の写真をタップします。

2 [投稿を見る]をタップします。

3 シェア元の投稿を確認できます。

Section 100 他のアカウントに付けられた自分のタグを削除したい

タグ付け（P.034～P.035参照）にはさまざまなメリットがありますが、あまり見られたくない投稿や見知らぬアカウントにタグ付けされてしまった場合は、自分のタグを削除することができます。

タグ付けを削除する

1 プロフィール画面の をタップし、

2 タグ付けを削除したい投稿をタップします。

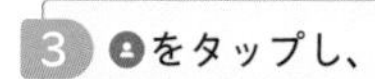

3 をタップし、

4 自分のタグをタップします。

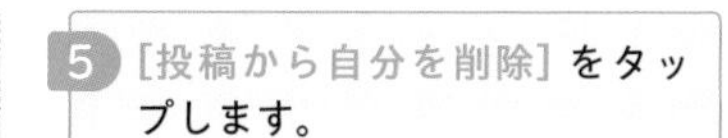

5 ［投稿から自分を削除］をタップします。

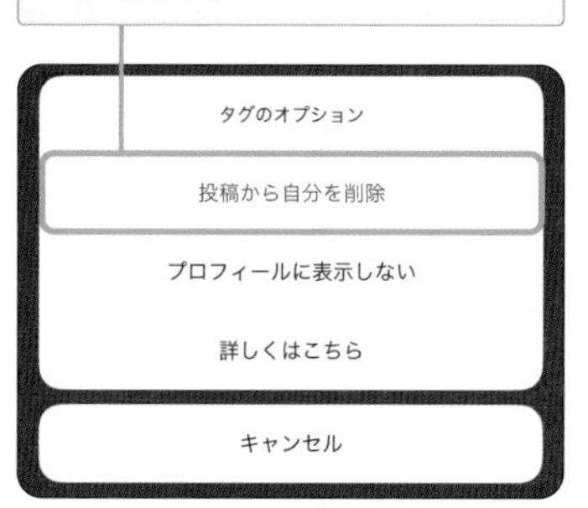

6 ［削除］をタップすると、タグ付けが削除されます。

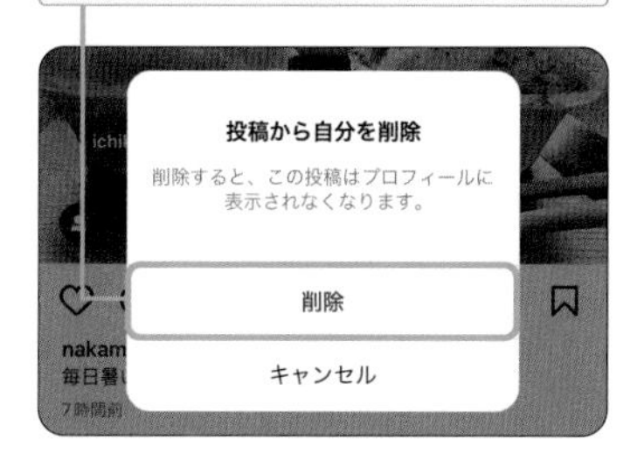

「タグ付けできる人を更新しますか？」と表示されたら、［後で］をタップします。変更はP.208の方法で設定できます。

Section 101 タグ付けやメンションを制限したい

他のアカウントからの意図しないタグ付けやメンションを未然に防ぐためには、事前に設定から制限をかけておきましょう。また、タグ付けは承認制にすることも可能です。

タグ付けやメンションを制限する

1 プロフィール画面右上の☰をタップします。

2 [タグとメンション] をタップします。

設定とアクティビティ
他の人があなたとやり取りできる方法
メッセージとストーリーズへの返信
タグとメンション
コメント
シェア・リミックス
制限中 0

3 「あなたをタグ付けできる人」で [タグ付けを許可しない] をタップ、「あなたを@メンションできる人」で [メンションを許可しない] をタップすると、タグ付けとメンションが制限されます。

あなたをタグ付けできる人
全員にタグ付けを許可する
フォローしている人からのタグ付けを許可する
タグ付けを許可しない

あなたを@メンションできる人
全員からのメンションを許可する
あなたがフォローしている人からのメンションを許可
メンションを許可しない

[タグ付けを手動で承認] をタップし、「タグの管理」の ◯ をタップして ◉ にすると、以降タグ付けされた投稿が「承認待ちのタグ」に表示され、投稿内容を確認したうえでタグ付けの承認または拒否ができます。

Section 102 ストーリーズへのシェアを制限したい

フィードやリールの投稿を他のアカウントにストーリーズでシェアされたくない場合、設定から制限をかけることができます。また、DMへのストーリーズのシェアも制限が可能です。

ストーリーズへのシェアを制限する

1 プロフィール画面右上の☰をタップします。

2 ［シェア・リミックス］をタップします。

3 「ストーリーズへの投稿とリール動画のシェアを許可する」の をタップして にすると、他のアカウントによるストーリーズでのフィードとリールのシェアを制限できます。

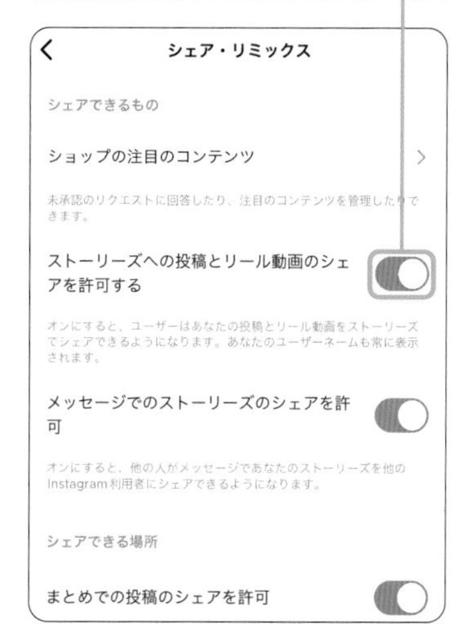

「メッセージでのストーリーズのシェアを許可」の をタップして にすると、他のアカウントによるDMでのストーリーズのシェアを制限できます。

#投稿のミュート　#ミュートの解除　#ブロックとの違い

Section
103 投稿をミュートにしたい

自分のフィードに投稿を表示させたくないアカウントがある場合は、「ミュート」機能を利用しましょう。ミュートしたアカウントの投稿は表示されなくなりますが、フォローは解除されません。

投稿をミュートにする

1 投稿をミュートにしたいアカウントのプロフィール画面を表示し、[フォロー中] をタップします。

2 [ミュート] をタップします。

3 ミュートしたいコンテンツの をタップします。

4 に切り替わり、ミュートが完了します。

ミュートを解除する

1 プロフィール画面右上の☰をタップします。

2 [ミュート済みのアカウント] をタップします。

3 ミュートを解除したいアカウントの [ミュートを解除] をタップします。

4 ミュートを解除したいコンテンツの⬤をタップします。

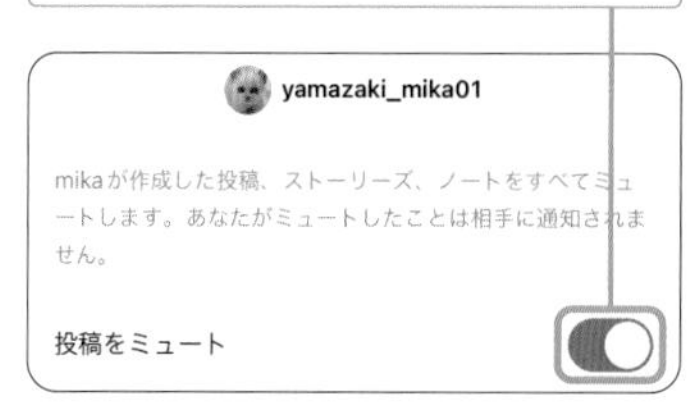

5 ◯に切り替わり、ミュートが解除されます。

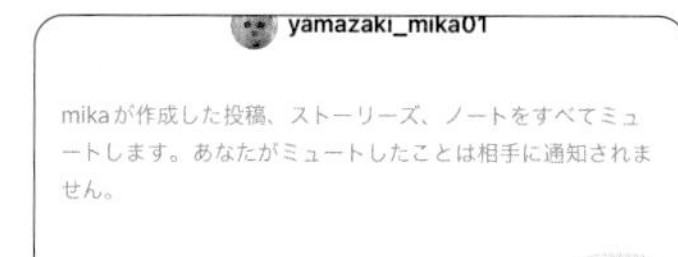

Memo ミュートとブロックの違い

特定のアカウントの投稿を非表示にする機能として、ミュートとブロック（P.212～P.213参照）があります。ミュートは相手に知られることなく投稿をフィードに表示しないようにする機能で、フォロー解除はされません。ブロックは相手が自分の投稿を閲覧できないようにする機能で、自動でフォローが解除されるため、相手に気付かれる場合があります。フォローを解除するほどでもないけれど、フィードに投稿を表示したくない場合はミュート、フォローを解除したい場合はブロックをしましょう。

Section 104 アカウントをブロックしたい

関わりたくないアカウントや迷惑なアカウントは、「ブロック」機能を利用しましょう。ブロックした相手からは、自分のプロフィールや投稿が閲覧できなくなります。

アカウントをブロックする

1 ブロックしたいアカウントのプロフィール画面を表示し、…をタップします。

2 ［ブロック］をタップします。

3 ［ブロック］をタップします。

yamazaki_mika01をブロックしますか？

この人が保有している別のアカウント、または今後作成するアカウントもブロックされます。

この人は、Instagram上であなたへのメッセージ送信や、あなたのプロフィールやコンテンツの検索ができなくなります。

ブロックしたことは相手に通知されません。

設定でいつでもこの人のブロックを解除できます。

ブロック

4 ブロックが完了します。

相手にフォローされている場合、ブロックするとフォローが強制的に解除されます。

ブロックを解除する

1 プロフィール画面右上の☰をタップします。

2 [ブロックされているアカウント] をタップします。

3 ブロックを解除したいアカウントの [ブロックを解除] をタップします。

4 [ブロックを解除] をタップします。

5 ブロック解除が完了したら、[閉じる] をタップします。

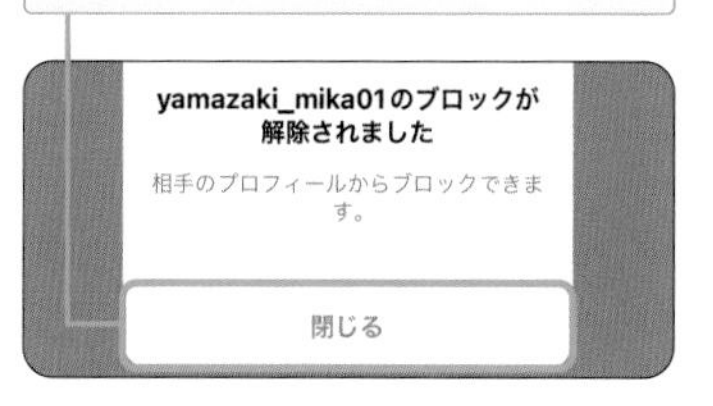

ブロックを解除しても、フォロー・フォロワーの関係は元に戻りません。

Memo ブロックの機能

インスタグラムのブロック機能は、ブロックしたアカウントと同じ端末、電話番号、メールアドレスを使用して作成されたアカウントも自動的にブロックされる仕組みになっています。したがって、ブロックしたアカウントが持っている別のアカウント、または今後作成するアカウントも自動的にブロックされます。

Section 105 パスワードを再発行したい

ログインに必要なパスワードを忘れてしまった場合は、新しく再発行することができます。なお、パスワードを再発行すると、ログイン中の端末からログアウトされる場合があります。

パスワードを再発行する

1 Instagramアプリを起動し、ログイン画面で［パスワードを忘れた場合］をタップします。

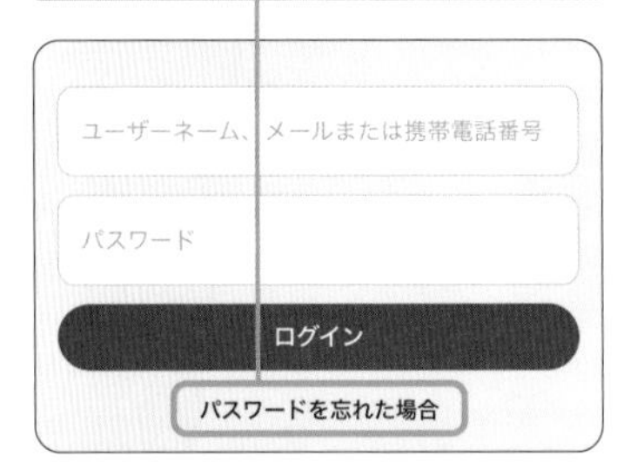

2 ユーザーネームまたはメールアドレスを入力し、

3 ［アカウントを検索］をタップします。

4 パスワードを再発行するためのリンクの受け取り方法（ここでは［メールでコードまたはリンクを取得］）を選択し、

5 ［次へ］をタップします。

手順2で登録したユーザーネームやメールアドレスがわからない場合は、［携帯電話番号で検索］をタップし、電話番号を入力してアカウントを検索できます。

6 P.214手順4で選択した方法で受け取ったリンクを表示し、[パスワードをリセット]をタップします。

アカウント作成時にログイン情報を保存している場合は、[○○としてログイン]をタップすると、パスワードを変更することなくログインが可能になります。

7 新しく設定したいパスワードを2回入力したら、

8 [パスワードをリセット]をタップします。

9 Instagramアプリを起動し、ユーザーネーム、メールアドレス、電話番号のいずれかと、手順7で設定した新しいパスワードを入力したら、

10 [ログイン]をタップします。

11 ログインが完了し、ホーム画面が表示されます。

7章 よくある疑問・困りごと

Section

106 パスワードを変更したい

乗っ取り被害などを防ぐために、ログインに使用するパスワードは定期的に推測されにくい文字列に変更することをおすすめします。セキュリティ対策として、二段階認証の設定も可能です。

パスワードを変更する

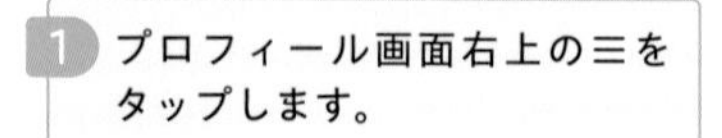
1 プロフィール画面右上の☰をタップします。

2 [アカウントセンター] をタップします。

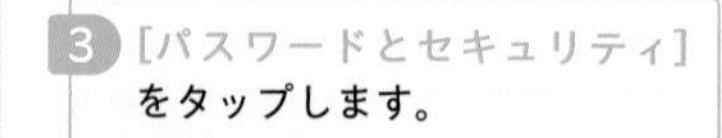
3 [パスワードとセキュリティ] をタップします。

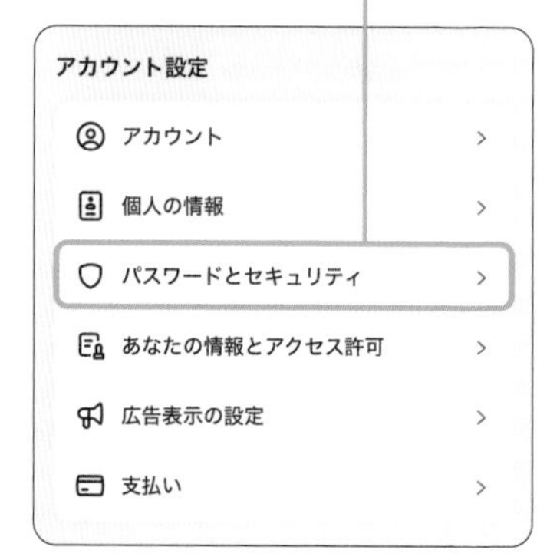

4 [パスワードを変更] をタップします。

5 パスワードを変更したいアカウントをタップします。

6 現在のパスワードを入力し、

7 新しく設定したいパスワードを2回入力したら、

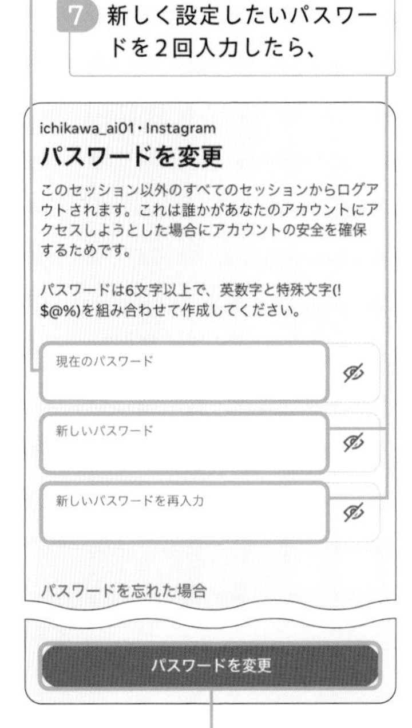

8 [パスワードを変更] をタップします。

現在のパスワードがわからない場合は、[パスワードを忘れた場合] をタップし、P.214～P.215を参考にパスワードを再発行しましょう。

9 パスワードの変更が完了します。

Check 二段階認証を設定する

アカウントのセキュリティをより強化するためには、「二段階認証」の設定がおすすめです。二段階認証とは、通常のログイン方法に加え、指定のコード入力などによる認証を行う手法です。P.216手順4の画面で [二段階認証] をタップし、二段階認証を設定したいアカウントをタップしたら、セキュリティ強化方法を選択し、画面の指示に従って操作を進めます。二段階認証の設定が完了すると、認識されていない端末からログイン試行があった際に、コードの入力が求められるようになります。

Section 107 アカウントを一時停止したい

しばらく使用する予定のないアカウントは、一時的に利用を停止しましょう。一時的停止は1週間に1回のみ適用できます。なお、一切使用しないアカウントは削除も可能です(P.221参照)。

アカウントを一時停止する

1 プロフィール画面右上の☰をタップします。

2 [アカウントセンター] をタップします。

3 [個人の情報] をタップします。

アカウント設定
アカウント
個人の情報
パスワードとセキュリティ
あなたの情報とアクセス許可
広告表示の設定
支払い

4 [アカウントの所有権とコントロール] をタップします。

個人の情報
Metaはこの情報を本人確認およびコミュニティの安全維持のために使用します。個人のどの情報を他の人に公開するかは、あなた自身で決めることができます。
連絡先情報
+817000000000
誕生日
1995年1月1日
アカウントの所有権とコントロール
データ管理、追悼アカウント管理人の変更、アカウントやプロフィールの利用解除や削除を行います。

5 [利用解除または削除] をタップします。

アカウントの所有権とコントロール

利用解除または削除
アカウントやプロフィールを一時的に利用解除するか、完全に削除します >

6 一時停止したいアカウントをタップします。

利用解除または削除

プロセスを開始するには、一時利用解除または完全に削除するアカウントを選択してください。

ichikawa_ai01
Instagram >

7 [アカウントの利用解除] にチェックを付け、

Instagramアカウントの利用解除または削除

Instagramの利用を一時休止したい場合は、このアカウントを一時的に利用解除することができます。アカウントを完全に削除する場合は、お知らせください。アカウントの利用解除は1週間に1回のみ行なえます。

アカウントの利用解除
アカウントの利用解除は一時的な休止で、アカウントセンターからアカウントを再開するか、またはInstagramアカウントにログインするまでプロフィールはInstagramに表示されなくなります。

アカウントの削除
アカウントを削除すると、元に戻すことはできません。Instagramアカウントを削除すると、あなたのプロフィール、写真、動

8 [次へ] をタップします。

9 ログインに使用するパスワードを入力し、

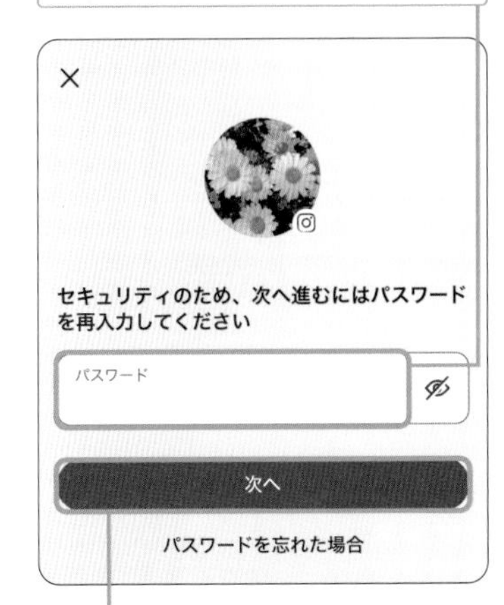

10 [次へ] をタップします。

11 アカウントを一時停止したい理由を選択し、

Instagramアカウントの利用を解除中

アカウントの利用解除は一時的な休止で、アカウントセンターからアカウントを再開するか、またはInstagramアカウントにログインするまでプロフィールはInstagramに表示されなくなります。

一時的に停止したい
自分のデータが心配
プライバシーに関する心配
忙しい/気が散る
その他

次へ

12 [次へ] をタップします。

13 ［アカウントを利用解除］をタップします。

アカウントの一時利用解除を確認

アカウントを一時的に利用解除しようとしています。アカウントは、アカウントセンターから、またはInstagramアカウントにログインすることによりいつでも再開できます。

アカウントを利用解除

14 アカウントが一時停止されます。

他のユーザーが利用停止中のアカウントを表示すると、「ユーザーが見つかりませんでした。」と表示され、プロフィールが閲覧できない状態になります。

アカウントの一時停止と削除の違い

アカウントの利用を休止する機能として、一時停止と削除（P.221参照）があります。「一時停止」はあくまでアカウントの利用を一時的に休止するもので、一時停止中のアカウントはこれまでの投稿や自己紹介、フォロー・フォロワーなどの情報がすべて非表示になります。一時停止の状態からアカウントを復旧したい場合は、Instagramアプリや Webブラウザからアカウントにログインしましょう。対して「削除」は完全にアカウントを削除するもので、一定の期間を過ぎたアカウントは復旧させることができません。また、ユーザーネームの再利用も不可となります。将来的にアカウントの利用を再開したい場合は、一時停止を選択しましょう。

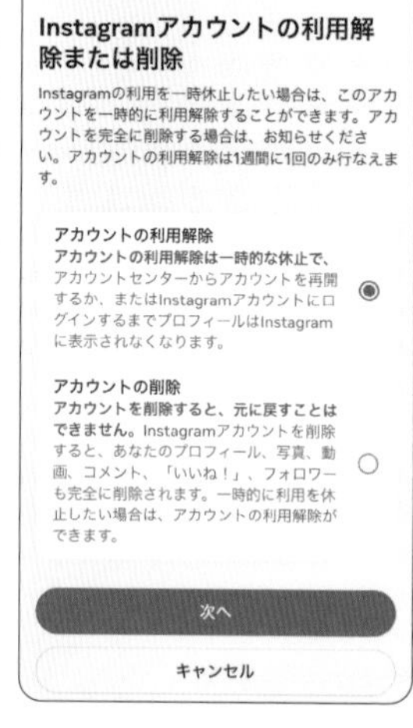

Section 108 アカウントを削除したい

不要になったアカウントは、完全に削除しましょう。削除を実行するとアカウントは非表示の状態になり、1ヶ月後に完全に削除されます。なお、削除後の復元はできないため注意しましょう。

アカウントを削除する

P.218手順1～P.219手順6までを参考に操作を進めます。

1 [アカウントの削除] にチェックを付け、

アカウントの削除
アカウントを削除すると、元に戻すことはできません。Instagramアカウントを削除すると、あなたのプロフィール、写真、動画、コメント、「いいね！」、フォロワーも完全に削除されます。

次へ

2 [次へ] をタップします。

3 アカウントを削除する理由にチェックを付け、

フォローしたい人が見つからない
利用開始時に問題が発生した
その他
次へ

4 [次へ]→[次へ] をタップします。

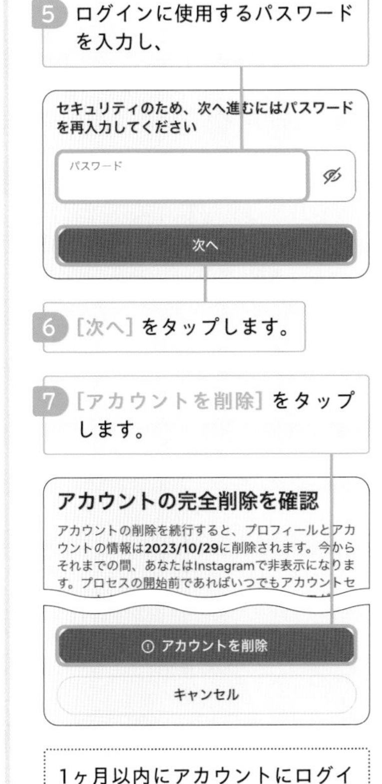

1ヶ月以内にアカウントにログインすると、削除がキャンセルされます。

索引

アルファベット

あ行

か行

さ行

本書の注意事項

・本書に掲載されている情報は、2023年10月現在のものです。本書の発行後にソフトウェアがバージョンアップされた場合は、本書の手順どおりに操作できなくなる可能性があります。

・読者固有の環境についてのお問い合わせ、本書の発行後に変更されたアプリ、各種サービスなどについてのお問い合わせにはお答えできない場合があります。あらかじめご了承ください。

・本書に掲載されている手順以外についてのご質問は受け付けておりません。

著者紹介

小倉 映美（おぐら えみ）

学生時代からIT分野に興味関心があり、IT関連の企業に入社する。業務の傍ら、これまで趣味として独学で学んできた知識を生かして、パソコンスキルやSNSの使い方をシンプルにわかりやすく伝えたいと研究を行うようになる。だれもが最低限のITスキルを求められる世の中で、多くの人に伝えることの重要性を感じ、初心者でも理解できるよう、Instagramをはじめとした SNS や Office 系ソフトに関わるコンテンツの作成に注力している。

・本書へのご意見・ご感想をお寄せください。

URL：https://isbn2.sbcr.jp/23296/

Instagram いちばんやさしい使い方ガイド

2023年12月 8 日　初版第1刷発行
2024年 7 月20日　初版第3刷発行

著者……………………小倉 映美
発行者…………………出井 貴完
発行所…………………SBクリエイティブ株式会社
〒105-0001 東京都港区虎ノ門2-2-1
https://www.sbcr.jp/
印刷・製本……………株式会社シナノ
カバーデザイン………喜來 詩織（エントツ）

落丁本、乱丁本は小社営業部（03-5549-1201）にてお取り替えいたします。

Printed in Japan ISBN 978-4-8156-2329-6